JN202169

イチゴ新品種のブランド化とマーケティング・リサーチ

半杭　真一　著

青山社

はじめに

上方落語に、「はてなの茶碗」という演目がある。無粋ではあるが噺を以下に要約してみよう。京都は清水の音羽の滝。ほとりの茶屋で、京都一の目利きで茶金の名で知られる茶道具屋の金兵衛が茶碗をためつすがめつし「はてな？」と首をひねる。それを偶然隣り合わせた油屋が見ており、これは値打ちのあるものに違いないと無理矢理にその茶碗を茶屋の主人に２両払って手に入れた。油屋は茶金の店に茶碗を持ち込むが、茶金は茶碗が安物であり、なぜか茶が漏れるので「はてな？」と首をかしげたものだと明かしたうえで、「いわば茶金という名を買うて頂いたようなもの」と３両で茶碗を買い取った。この茶碗が貴族の間で評判となり、関白が歌を詠み、ついに時の帝の「はてな」という箱書きが加わる。こうした茶碗の評判を聞きつけた豪商がとうとう千両で買い取って…、というあらすじである。

この「はてなの茶碗」は、水を溜めるという必要最小限の機能すら果たせていない安物の茶碗が、人々の手を渡っていくにつれ、関白の歌や帝の箱書きが加わっていくことで価値を高めていく噺であるという解釈もできる。その間、茶碗そのものは全く変化しておらず、周囲の人が価値を決定していく。

全国で、農産物をはじめとした地域産品におけるブランド化へ向けた取り組みが、官民を問わず様々な主体において活発である。農産物のブランド化もまた、農産物の価値を高める取り組みであり、その価値を決めるのは最終的には人、消費者である。いかに作り手がこだわりをもって栽培しても、認証マークを貼り付けても、消費段階において価値が見出されなければブランド化は成立しない。

本書は、自治体による新品種の育成とブランド化を効率的に進めるためのマーケティング・リサーチを取り扱う。本書の特徴は、ブランド化やマーケティングの主体を自治体としていることである。自治体は自ら営利を目的とした商行為を行わないが、農業の振興においてマーケットインの発想に基づいた施策の必要性が高まっていることを受け、自治体が新たな品種を育成して産地の農業を振興することもまた、農産物のマーケティングの領域ということができる。

本書の構成は以下のとおりである。

第１章において、農業を含む１次産品の販売をめぐる自治体の取り組みについて、とくに各地で進められているブランド化の取り組みを中心に述べる。

第２章において、事例となる福島県産イチゴについて、イチゴの品種や市場の環境、福島県の取り組みと新たに育成した品種について述べる。

第３章において、福島県郡山市において行ったリサーチを用いて、イチゴに対する消費者のニーズを分析した結果をもとに地元育成品種の可能性について論じる。

第４章において、イチゴ品種のネーミングと産地の戦略について、福島県育成品種を含む８品種を対象として品種の育成主体と消費者のリサーチの分析結果をもとに論じる。

第５章において、イチゴの産地であり育成地である福島県と、消費地として位置付けられる首都圏を対象として行ったリサーチを用いて、新品種が消費者にどのように受け入れられるのか、そのメカニズムを分析した結果をもとに論じる。

第６章において、売り場での買物行動を分析するため、農産物直売所で行った実験について述べ、消費者のイチゴの選択に品種がどのような役割を果たしているのか述べる。

本書は、農産物のブランド化の本であると同時に、公設試の研究成果の本でもある。公設試とは都道府県におかれた公設試験研究機関であり、公務員が研究を行っている。本書は、筆者が福島県職員として行った研究成果と、その成果をまとめた学位論文がベースとなっている。自治体や公設試でブランド化やマーケティングに携わる立場の方にとって参考になれば幸いである。

目　次

第１章　イチゴ新品種のブランド化を目指して

第１節　農産物のブランド化とマーケティング

1．農産物におけるブランド化の背景

現在、農産物をブランド化しようという取り組みが各地で活発である。ここでは、農産物におけるブランド化の特徴と課題について整理する。

農産物はかつてブランド化が困難であるとされていた。農産物の特徴である、生産の安定性や貯蔵性、需要の価格弾力性が低いこと、広告宣伝による需要誘導の可能性が小さいこと、とくに青果物において、品目構成が多様で、かつ、産地が一般に分散していること、購買頻度が高い最寄り品であることから、工業製品のような製品差別化は困難（藤谷[1]）とされていたのである。しかし、今日でも農産物のもつ特質は大きく変わらないものの、優良品種の導入や栽培技術の進展による生産性の向上、コールドチェーンの発展やスーパーマーケットの成長に伴う流通や小売の変化、高度経済成長がもたらした大衆消費社会の成立を経て、消費者は青果物に対しても多様なニーズをもつようになっており、藤谷 [1] が差別化の条件としてあげていた需要の多様化、需要誘導の可能性が大きくなったことから、農産物をブランド化する環境が整い、ブランド化によって競争力の強化を目指す例が多くみられる。

こうした環境の変化を踏まえ、農産物のブランド化を差別化戦略として位置付けているいくつかの先行研究がある。コメを対象として、ブランドを「究極の差別化戦略」とした伊藤[2]は、コメにおいては産地と品種名がブランドの典型であると述べ、さらに、新潟県においてJAの独自ブランドが50にも達しブランド化の取り組みが極めて多いこと、その背景として、地域活性化、産地間競争と流通自由化への対応、コメ農家の生き残り戦略があり、市場における低価格米へのシフトに対する対応の必要性を指摘している。その他の農産物ブランドの先行研究として、藤島・中島編［3］では、京野菜・たっこにんにく・有田みかん・下仁田ねぎ・博多万能ねぎが例示されている。いずれの品目も、どちらかといえば嗜好品として位置づけられているものであり、多様化する需要に対して高品質や希少性における優位性によって応えている事例といえるだろう。

農産物のブランド化の取り組みを促した環境の変化の一つに、2006年に施行された「商標法の一部を改正する法律」による地域団体商標制度の導入もあげられる。地域ブランドとして知られる地域団体商標とは、地域の名称と商品または役務の名称等の組み合わせからなるものであり、例えば、地域の名称である「有田」と商品の名称「みかん」を合わせた「有田みかん」が地域団体商標である。それまで、「地域の名称」と「商品または役務の名称」の組み合わせは特別な場合を除いて商標として認められてこなかったが、この地域団体商標制度によって、具体的な文字による商標が制度的に保護されることとなり、各地の地域資源が活用されるきっかけとなったものである。

こうした環境の変化により進んでいる農産物のブランド化の特徴として、ブランド化の取り組み主体に行政機関が多いことがあげられる。農産物は気候や土壌等の栽培条件や地理的・社会的条件に応じて地域ごとに多様性をもっているため、農産物のブランド化においては、この地域的な多様性を背景として行政機関の事業によって農産物の販売促進を行うケースが数多く見られ、こうした行政機関による一次産品のブランド化事業は47都道府県のすべてにおいて行われている（生田ら［4］）。その都道府県によるブランド化の取り組みの具体的な内容として、認証制度の確立、統一ブランド名やロゴ、キャッチコピーの作成が実施されているところが多く、そうした主体においては市場調査への取り組みも見られることから、行政にもマーケティングが必要との認識が強まっていることも指摘されている（菅野ら［5］）。行政機関のなかでも都道府県が主体となるブランド化については、その源泉として品種の育成を担っていることも強みとしてあげられる。都道府県の農業試験場のような公設試験研究機関においては、優れた品質と特徴をもつ新品種の育成がさまざまな品目を対象に行われている。また、都道府県は国と協同して、農業生産性や農作物品質の向上のための技術支援等を専門の普及指導員が直接農業者に対して行う普及事業を進めている。こうした支援体制によって、新品種の高品質で安定的な生産がもたらす、他産地に対する販売面での差別化が期待できると考えられるため、新品種を活用したブランド化が多くの都道府県で事業化されているものと考えられよう。

しかしその一方で、農産物のブランド化については、実際にブランド化がうまくいっている事例は必ずしも多くはなく、どのようにしてブランド化を進めていけばよいかという課題を多くの産地主体が抱えているのが現状と推察される。この産地が抱える課題について、松原 [6] は、農林水産省が実施した現地調査とヒアリングを通じて、単にマークを付けたり、都道府県等の認証を「お墨付き」と受けとめて、それを受けること自体が目的となってしまっていて、肝心の販売戦略や品質・名称管理等の取り組みが十分になされていない例、生産者の主体的な取り組みとなっておらず、取り組みが長続きしていない例、地域団体商標を取得したいが、市町村や農協の合併も進む中で、名称の使用範囲をめぐって調整が難航している例、地域団体商標を取得したものの、その後の商標管理が不十分な例、良いものは作っているとの自信はあるが、どう売ればよいかわからず、困っている例、名前は有名になったが、品質と量が安定しない例、消費者からの評価に関心が薄いまま、取り組みを続けている例、といったものが多いことを示している。

このように、行政機関をはじめとした農産物のブランド化主体にとって、ブランド化が事業化されており、また、必要であることは理解できても、実際にどのように進めればよいのかわからない、というのが農産物ブランド化の実態ではないだろうか。とりわけ、地域産品に対する消費者のニーズについては、あらかじめそのニーズがブランド化の主体によって想定されているような場合も多く、客観的な消費者リサーチに基づいたブランド化が求められているといえよう。本研究が着目するのはこの点である。すなわち、地域産品を地域の主体がブランド化するにあたり、ブランド化の前提としての消費段階のニーズの存在や、そうしたニーズがどのようなものであるのかについて、リサーチを通じて明らかにしようとするのが本研究の目的である。

2. ブランド化を目指すマーケティングのプロセス

(1) 農産物のマーケティング

農業にもマーケティングが必要、という議論は多く見られる。それでは、農産物のマーケティングは、一般的な財やサービスのマーケティングとどのように異なっているのだろうか。ここでは生産者のマーケティングを通じてそれを整理しよう。

マーケティングの古典的な枠組みとして、マーケティング・ミックスがある。マーケティング・ミックスは、マーケティング主体のクレドに基づいて展開されるビジネスにおいて、リサーチに基づいて決定される市場細分化、標的化、ポジショニングに応じて適切な製品、価格、流通、プロモーションの組み合わせを行うものである。農業におけるマーケティングに対する関心の高まりは、生産者にとって販売が課題となっていることが背景であろう。マーケティング・ミックスの枠組みでいえば、生産者の意思決定の軸は「製品」である自らの生産物に関するものである。生産者が何を作るか、ということは、一般的に生産者の居住地の気候や土壌、水利に大きく影響されており、栽培に関する知識や技術、保有する農地や施設、農業機械といった条件から、経営者の判断で大きく変化させることは難しい[1)]。

「製品」を軸として、マーケティング・ミックスを構成する他の要因である「流通」と「価格」についても見ていこう。農産物の流通は多様である。コメについては流通が自由化しており、JAへの出荷のほか、商系への出荷や消費者への直接販売、また、非食用米である飼料米としての流通といった選択肢が増えている。卸売市場において取り扱われる青果物の場合、これまで太宗を占めてきた系統出荷の共同選果(以後、共選と略す)による流通のほか、近年大きく拡大した農産物直売所への出荷や業務・加工用の契約栽培も広がりつつある。例として、野菜を生産する経営を取り上げよう。野菜については、消費者への供給を安定的に行うための指定産地という制度があり、特定の品目を生産する経営が地理的にまとまって存在している。また、卸売市場を経由した流通が70％以上を占めていながら、農産物直売所への出荷も含めた市場外流通も増えつつあるのが特徴である。

野菜を生産する農業経営の場合、共選や農産物直売所への出荷、直接販売といった流通の選択肢がある。これまで主流であった共選は、あらかじめ決められた規格により出荷を行うものであり、共選費などの出荷経費が高いといった問題点も指摘されているが、その一方、卸売市場への出荷であり、委託販売によって取り引きされることが多い。これに対し、農産物直売所への出荷については、自ら価格を決めることができるというメリットがあるが、売れ残った場合、自分で引き取ることが原則である。そうした売れ残りを防ぎ、かつ、出荷している農家間の競争に対応するため、低い価格設定にしている場合もある[2)]。また、農産物直売所は、共選に乗らないその産地での出荷量の少ない品目であっても店頭に並べることができるのもメリットの一つである。直接販売は、農産物直売所が店舗での不特定多数の客に対する販売であるのに対して、農家が飲食店や消費者に対して直接に農産物を販売するものである。消費者に対しては、特定の品目というよりその時々で採れる野菜のセット販売などが宅配便を利用するなどして行われている。飲食店においても、使用する食材のすべてを農家から仕入れるのではなく、農家で採れる品目と飲食店のニーズがうまく一致した場合に取り引きがなされる。こうした直接販売については、販売先の確保に係る営業活動の必要や宅配便の利用による輸送コストが常に問題になるのに加え、代金回収のリスクも共選に比べれば大きい。

「流通」と「価格」について、他の出荷先として、業務・加工用の出荷について述べておこう。いずれも契約に基づいて企業と直接結びついての取り引きも行われる出荷形態である。ここで、業務用と加工用は分けて考える必要がある。サラダ用のレタスなどの加工の度合いが小さいまま消費者に供されるものの場合、需要者である企業は、いつでも、どれだけでも欲しいわけではない。天候不順によって思うような収穫量が得られない場合においても、逆にたくさん採れたからといっても、メニューにある量目や価格を変更するのは難しいのである。従って、業務用野菜については、計画的な栽培と出荷が行われ、契約された数量を守り、欠品を防ぐために多めに作付けを行うなどの対策が採られている。卸売市場での価格は日々変化しているが、こうした業務用の取り引きにおいては、シーズンを通した値決めが行われることも多い[3)]。一方、加工用については、ジュース用のトマトなど、低い単価であるが出荷量の上限を設けない、質より量を重視する契約が多くみられる。また、業務・加工用の取り引きにおける流通では、荷姿についても、共選で用いられる段ボールではなくコンテナによるものが多いという違いがある。

これまで述べてきたような多様な取引形態における「流通」と「価格」の違いは、「製品」にも影響する。卸売市場へは、一定の規格によって出荷される。卸売市場を経由しない場合は規格の必要がないため、卸売市場へ出荷できないものでも不揃い野菜のような形で販売されることもある。業務用の出荷の場合には、卸売市場とは違う品種や規格が求められる場合がある。サラダ用のレタスの場合には、皿に盛り付けるときに大きさや形が整いやすい大きさが求められたり、ハンバーガーに用いられるトマトの場合には、スライスしたときに同じ大きさになるように横から見て四角形に近い形や、ゼリーが落ちにくいという特徴をもつことで取り引きが容易になったりする。必ずしも生食用として卸売市場の規格に基づいた評価の高いものが業務用に向いているのではないのである。

マーケティング・ミックスを構成している最後の要素が「プロモーション」である。一般に農産物の場合は、マス広告が用いられることは多くない。広告が行えない代わりに、ニュースなどに取り上げられようとするPRが行われることが多いのも農産物の特徴である。生産者の団体などが、幼稚園などに農産物をプレゼントする姿のPRはその代表的なものである。産地としてそのようなプロモーションが行われるのに対し、個別の農家が消費者に直接販売しようとした場合、どのようにして顧客に農家のサービスを知らしめるかということが課題となる。現在では、インターネットを活用して、注文を受けたり生産段階の情報提供を行ったりする経営もみられるが、消費者との関係づくりはどのような経営においてもケースバイケースである。また、多くの農産物の消費者の主な購買チャネルはスーパーであるため、生産者と消費者が直接コミュニケー

表 1-1　農家の出荷チャネルによるマーケティング・ミックスの例

出荷チャネル	共選	農産物直売所	直接販売	業務・加工用
取引相手	JA	消費者	消費者・飲食店	納入業者
価格	市況によって変動	自ら値付けが可能だが農家間の安売り競争もある	自ら値付けが可能	安定（例：シーズン値決め）
製品	市場の出荷規格	共選に乗らない品目や規格も可	購入者の求める規格品質	契約に基づく出荷
プロモーション	組織的な対応が可能であるが直接的なコミュニケーションはない	消費者との直接的なコミュニケーション	購入者との直接的なコミュニケーション	商品知識に基づく営業

ションをとる機会は少ない。農産物直売所での取り引きが拡大するなか、消費者とのコミュニケーションに手ごたえを感じている生産者も多い。こうした直売所における生産者と消費者のコミュニケーションも、プロモーションの一つの在り方ということができる（表 1-1）。

このように、農産物のマーケティング・ミックスは製品について固定的であり、出荷チャネルによって大きく変化することが特徴である。共選への出荷のみを行っていた農家がそれまでと異なる出荷先に出荷するにあたっては、出荷チャネルに応じた製品や値付けと代金の回収方法、プロモーションが必要になるのであり、加工用の種苗や決算用の情報端末など、出荷チャネルによっては新たな経営資源が必要になることもある。何もせずに売値を上げる魔法はない。農産物においても、マーケティングは経営の意思決定を行うツールとしても機能するのである。

(2) ブランド化とマーケティングのプロセス

こんにち、ブランドやブランド化という言葉を聞いたことがないという人はほとんどいないものと思う。ではブランドとは、ブランド化とは何か。ここでは一般的な生産やサービスのブランド化について概念を整理し、そのプロセスについて述べる。

ブランド化あるいはブランディングの定義については、多くの先行研究がある(表 1-2)。これらの先行研究における定義から、ブランド化の本質的な要件は消費段階において識別できる差異の存在であるとまとめられよう。差異の識別可能性に係る判断が消費段階で行われるということは、ブランド化が生産段階で完成せず、消費段階に依存していることを示している。つまり、新たなブランド・ネームをつけることやブランド認証をするだけではブランド化は完成しない。

ブランド化の定義に関する先行研究では、ブランドの価値に関する言及も見られる。ブランドを議論するために必要なのが、ブランド・エクイティという概念である。エクイティの辞書的な意味は「資産価値」であり、ブランド・エク

表 1-2　ブランド化の定義に関する先行研究

	定義についての記述の概要
ケラー[7]	ブランドは消費者のマインド内に存在する。ブランディングの鍵は、消費者に製品カテゴリー内のブランド間の差異を知覚させることである
藤島[8]	消費者の側からみて、少なくとも良質性、話題性、信頼性の点で他よりも優れた価値を有するものでなければならず、かつそうした価値を有することを瞬時に容易に認識・識別できるものでなければならない
小川[9]	ブランディングとは、価値のあるブランドを創造する経営プロセス。自社の商品・サービスに対して、競合ブランドがもっていない優れた特徴を作り出すための長期的なイメージ創出活動
石井ら[10]	ブランドの機能は「保証」「識別」「想起」の３つ。ブランドはマネジメントのプログラムと買い手の間に介在することで機能を果たすため、ブランドが付与されればそれだけで何かが起こるわけではない
田村[11]	ブランド化の基本的な方法は製品差別化と市場細分化であり、製品差別化について、良し悪しを軸とした垂直的差別化と好き嫌いを軸とした水平的差別化の２つの側面がある
梅沢[12]	消費者や顧客がその事業組織の製品に好意を抱き、他の製品と区別して有利な条件で購入してくれるようにする方法。製品差別化の究極の戦略

注：各文献をもとに筆者が再構成し、下線を付した。

イティとは、「ブランドがもつ評価の可能な資産価値」のことである。ブランド化とは、多様なマーケティング活動の結果として、製品やサービスに対して付加価値を与えること、すなわちブランド・エクイティを付与すること、ということができる。消費段階での評価に基づくブランドにアプローチするために、ケラー [7] は「顧客ベースのブランド・エクイティ」という概念を提示している。ブランド化の成功は消費者のマインド内に差異をもたらすことであるから、「あるブランドのマーケティング活動に対する消費者の反応にブランド知識が及ぼす差別化効果」と定義される「顧客ベースのブランド・エクイティ」をどのようなマーケティング活動を通じて生み出すかということは、ブランド化のプロセスに他ならない。こうしたブランド化のプロセスを、ケラー [7] に基づいて示していこう。

ブランド化のプロセスは「ブランド計画の明確化と確立」「ブランド・マーケティング・プログラムの立案と実行」「ブランド・パフォーマンスの測定と解釈」「ブランド・エクイティの強化と維持」の４つのステップからなる。

第１のステップ、「ブランド計画の明確化と確立」では、ブランドのポジショニングを明確にし、顧客との間に強く活発な関係性を確立することが目標となる。また、ブランド・エクイティやマーケティング活動がどれだけのブランド価値を生み出すかを評価する。

第２のステップ、「ブランド・マーケティング・プログラムの立案と実行」では、ブランド・エクイティ構築に必要なブランド要素（ブランド・ネーム、URL、ロゴ、シンボル、スローガン、パッケージなど）を選択し、製品戦略、価格戦略、チャネル戦略、コミュニケーション戦略といったマーケティング活動を統合する。また、ブランド・エクイティ構築に関して、消費者のマインド内に既にある他のブランド知識や連想による二次的なブランド連想を活用する。

第３のステップ、「ブランド・パフォーマンスの測定と解釈」では、戦術と長期的な戦略の決定を行うためにブランド・エクイティを測定することによって、ブランドから利益を上げるようなマネジメントが志向される。

第４のステップ、「ブランド・エクイティの強化と維持」では、ブランド・エクイティを維持、育成、成長させていくことが目標となり、新製品と既存製品全体へのブランド要素の選択や、ブランド拡張、ブランドの強化と再活性化が行われる。

以上が一般的な製品やサービスのブランド化のプロセスの概念である。続いて、ここまで述べてきたブランド化のプロセスを、農産物のブランド化にどのように適用するか見ていこう。

3. 都道府県を主体とした新品種のブランド化

ここでは、農産物のなかでも、こうした都道府県による新品種を活用したブランド化を素材として、前項で示したブランド化のプロセスに即して具体的に述べる。新たに育成した品種のブランド化というスタートアップの場面を想定するため、ブランド化のプロセスのなかでも既存のブランドの維持と拡大のプロセスである第3と第4のステップを省き、第1と第2のステップを取り上げる。なお、ブランド化主体としての都道府県と一般的なブランド化主体としての企業の大きな相違点は、自ら経済活動を行っているかどうか、という点である。都道府県が行っているブランド化事業は、一般的な企業による自らの利益を最大化するという目的とは異なっていることに留意されたい。

(1) 第1のステップ「ブランド計画の明確化と確立」

第1のステップ、「ブランド計画の明確化と確立」では、農産物のブランド化においては、ブランド・ポジショニングと顧客とのロイヤルティ関係がとくに関わりが大きいものと考えられる。

先述したように、マーケティングのステップには、市場細分化、標的化、ポジショニングが含まれている。このうちポジショニングとは、製品やサービスを、消費者のマインドや市場セグメント内における適切な位置を占めるように設計することであり、目標としては、ブランド化主体の潜在的ベネフィットを最大化するように、消費者のマインド内にブランドを位置づけることとなる。さらに、ポジショニングを決定するためには、標的（ターゲット）となる消費者、主要な競争相手、当該ブランドと競合ブランドとの類似点や相違点を知る必要がある。まず、標的となる消費者として、製品やサービスに対する顕在的な購買者と潜在的な購買者を含む市場を細分化する必要がある。一般の製品やサービスと同様に所得や年齢、性別、家族といったデモグラフィック基準による細分化基準のほか、価値観やライフスタイルといったサイコグラフィック基準、使用状態やブランド・ロイヤルティによる行動基準も用いられる。農産物の消費者セグメントについては、ふだん調理を担当する者が購買の意思決定をすることが多いものと考えられ、標的となる消費者は限定的である。また、子供の有無や弁当を作るかどうかといった行動基準による細分化も有効であろう。価値観やライフスタイルについては、農産物の栽培段階における環境への配慮や食品ロスへの関心の高まりも細分化の要素となりうるし、農産物直売所へ足を運ぶ消費者はスーパーでは得られないベネフィットを期待しているであろう。こうしたさまざまな基準による標的市場が考えられるが、市場細分化と標的市場決定の指針として、識別可能性(セグメントを簡単に特定できるか)、規模性(セグメントには十分な販売可能性が存在するか)、接近可能性（セグメントへアクセスするために特化した、流通販路やコミュニケーション媒体が利用できるか)、反応性（セグメントはどれくらい好意的に反応するか)、といったことも考慮されなければならない。次に、主要な競争相手である。標的となる消費者が定まると、競争の性質が決まることが多い。同じ消費者セグメントを競合する産地が狙っている場合もあるし、そのセグメントの消費者にとって特定のブランドが念頭に置かれていることもある。競争はカテゴリーの内部だけで起こるのではなく、また、製品の属性レベルよりも便益レベルで発生することが多い。久松 [13] は多品目を販売する農業経営の競合は八百屋、と述べている。製品が属するカテゴリーの他の製品ではなく、基本的な便益を満たす製品やサービスが競合となるのである。農産物においても、贈答用途という使用機会であれば、果物はビールや商品券と競合するであろうし、特定の栄養価が高いとされる農産物は、飲料や機能性を目的としたサプリメントが間接的に競合する可能性もある。

ブランド・ポジショニングを決定するうえで、標的市場と競争の性質の明確化に加えて重要なのが、差別化ポイントと類似化ポイントの選択と確立である。差別化ポイントとは、消費者がブランドを強く連想し、ポジティブに評価し、同じレベルのものは競合ブランドには見つかるまいと考えるような、ブランドの属性あるいはベネフィット、と定義される。ブランドが他のブランドと差別化されるには、強く、好ましく、ユニークなブランド連想が必要であり、機能的なパフォーマンスに関連するものと抽象的なイメージに関連するものとに分類できる。農産物においては、パフォーマンス属性による差別化ポイントとして、品質に優れた新品種や高い糖度をもたらす栽培方法、旬のものを選択して送る直販サービスのように、品種、栽培技術、販売方法によって消費者の便益がもたらされるし、イメージ属性による差別化ポイントとして、観光地として人気のある京都や金沢といった街の伝統野菜や、有名な料亭で使われている高級食材、といったものが考えられる。一方、類似化ポイントは、ブランドにとってユニークではなく、むしろ他のブランドと共有されている連想である。農産物においては、ミカンはビタミンCを豊富に含んでいる、牛乳は1Lのパックでいつでも買うことができる、といった、そのカテゴリーであれば当然備えている属性が連想されるであろう。このように、新たな製品カテゴリーにブランド拡張をする場合には、備えているべき属性と便益として類似化ポイントは重要である。また、類似化ポイントは、競争相手の差別化ポイントを無効にするための連想としても機能する。さらに、類似化ポイントには、プラスの連想の裏返し（低価格と高品質、おいしさと低カロリー、多様性とシンプルさ等）として発生しやすいマイナスの連想もあり、しかも、そのマイナスの連想に対して競争相手は差別化ポイントを達成しようとすることも多い。農産物においては、競合している産地が消費地との距離による鮮度の良さを差別化ポイントとするならば、保鮮流通の技術による類似化ポイントを作ったり、高い糖度を売りにする品種に対して、糖度を高める栽培技術によって競合のもつ優位性を無効化したりすることも可能だろう。

(2) 第2のステップ「ブランド・マーケティング・プログラムの立案と実行」

第2のステップは「ブランド・マーケティング・プログラムの立案と実行」である。まず、ブランド・エクイティ構築のために有用なブランド要素を検討する。主なブランド要素として、ブランド・ネーム、URL、ロゴ、シンボル、キャラクター、スローガン、ジングル、パッケージがある。とくに重要なのはブランド・ネームである。ブランド・ネームに求められるのは、シンプルで発音や綴りが容易であること、親しみやすく、意味があること、差別化され、目立ち、ユニークであることである。新品種のブランド化にあっては、品種名そのものをブランド・ネームとして用いる場合と、品種名と別に商標を用いる場合がある。ネーミングの手順について、ケラー [7] は失敗例にも触れている。その一つが「友人など、事情を知らない人々に案を求める」ことである。新品種を育成すると、品種名を公募する例も見られる。もちろん、公募によって新品種が広く知られるだろうし、ふさわしいブランド・ネームが選別されることもあるだろう。しかし、ブランド・ネームは戦略的な位置付けと整合的である必要があり、事情を知る者が産地の戦略にフィットしたブランド・ネームの最終的な決定に責任をもつべきである。

では、ブランド・エクイティを構築するためのマーケティング戦略はどうあるべきか。何を売るのか、どこで売るのか、いくらで売るのかという決定をする必要がある。製品戦略において重要な概念である知覚品質は、製品やサービスの顧客の知覚に基づく総合的な品質、あるいは、代替製品や意図された目的と比較した際の優越性である。農産物における新品種の育成は、まさに高い水準のパフォーマンスをもつ製品を作り出すことである。そのパフォーマンスは顧客によって知覚可能な優位性をもたなければならない。逆に言えば、顧客にとって知覚できないパフォーマンスの優位性は製品戦略たり得ないのである。ここでの顧客とは、最終的な消費者だけではない。都道府県が育成する新品種にとって、中間流通業者や生産者も新品種の顧客である。新品種はユニークな特性もつことによって登録が可能となるが、新品種として登録されただけではブランド化には程遠い。顧客が知覚できる優位性のあるパフォーマンスを示すかどうかのテストは、ブランド化を目指すマーケティングにおける製品戦略に不可欠である。価格戦略は、消費者がブランドの価格をどう分類するか、値引きの程度や頻度をもとに価格の柔軟性をどう捉えるかを規定するものである。製品にはカテゴリーごとに価格層があり、同じ価格層のなかにも価格帯が存在する。農産物のブランド化に取り組まれる例の多い牛肉は、黒毛和種、交雑種、乳用種肥育といった種の違いや、生産国によって価格層が分かれており、黒毛和種のなかでもさまざまな価格帯が存在している。なかでも、神戸ビーフや松阪牛は価格帯の上位に位置する、一般にもよく知られているブランドだろう。こうした牛肉において、自らの製品がどのカテゴリーで、どの価格帯に位置づけることを目標にするのか決定するのが価格戦略である。また、企業によるブランド・エクイティ構築のための価格戦略では、バリュー・プライシングというアプローチが求められる。これは、適切に設計された製品を導入し、製品コストと製品価格の組み合わせを最適化する、というものである。新品種のブランド化において、適切に設計された製品とは、新品種に他ならない。消費者は新品種に付加価値を知覚できればプレミアムを支払おうとする。製品コストは、バリュー・プライシングのための重要な要素である。消費者が製品の付加価値を知覚できない場合は、製品コストを削減できなければ、売り上げは見込めない。農産物には、品種名が消費者に対して示されるものと、そうでないものがある。例えば、多くの野菜は品種名が表示されることはないため、新品種に耐病性のような生産コストを削減できる特徴があるならば、新品種を採用するメリットなるだろう。バリュー・プライシングを成功させるためには、消費者がブランドに対してどれだけの価値を知覚し、製品コスト以上のプレミアムを支払うかについて、正しく理解することである。消費者が新品種をどれだけ評価するかは、既存の市場における競合する品種との比較を行う必要がある。消費者が違いを知覚し、製品コストに応じて設定されたプレミアムに対して支払意思を示すかどうかを知ることが、製品の価格決定に役立つ。新品種をブランド化するためには、消費者が価値を知覚できるか、その価値に対してプレミアムを支払うか、についてのテストを行うことで製品の価格決定が行われるべきである。新品種が育成されると、「付加価値によってブランド化を目指す」といったコメントつきで新聞記事になる例が多くあるが、これはブランド化主体のバリュー・プライシング戦略が定まっていないことを自ら公言しているようなものである。また、都道府県による新品種を活用したブランディングが手探りで行われていることの証左でもあろう。新品種の流通を決めるチャネル戦略については、農産物においては、系統出荷から市場を介して小売段階へという流れだけでなく、市場外流通、とくに農産物直売所の隆盛を背景として、販売チャネルは多様化している。量販店の店頭に並ぶアイテムとしても、プライベート・ブランドに取り上げられる農産物も増えてきており、JA等の一定の規模をもつ交渉力のある主体においてはより選択肢の広がりができていると考えられる。とくに品種名が販売時点で表示される品目において、新品種は既存の品種に比べて、共選にかけられない、量販店の売り場でも扱いづらいといった新しい品種であるが故の不利な点がある。農業者にとっては、農産物直売所や庭先販売での取り扱いによってこうした新品種の不利な点を解消できるだろう。その場合には、そうしたチャネルに応じた製品特性やネーミングが求められるし、農産物直売所や庭先販売といった地理的にも限定されるチャネルにおける売り上げの目標をブランド化の主体は設定すべきである。

近年のマーケティング・プログラムの新しい潮流として、個人にアプローチするマーケティングが注目されている。製品の特徴や便益を伝えるだけでなく、製品をユニークで面白い経験と結びつける経験価値マーケティングや、消費者とのより強い絆を創り出そうとする関係性マーケティングがある。関係性マーケティングに関しては、製品やサービスを顧客に合わせた仕様にカスタマイズするマス・カスタマイゼーション、消費者のデータベースによる個々の消費者に対する双方向性の対応を行うワン・トゥ・ワン・マーケティング、氾濫した広告のなかで、消費者に許可を得て初めてマーケティングを実施することでマーケティング活動の価値を高めるパーミッション・マーケティング、といったものが関係の深い概念である。いずれも、消費者個人に対してアプローチするものであり、愛着を高め、行動上のロイヤルティを創り出すのに有効である。また、経験価値マーケティングは、ブランド・イメージを確立し、ブランド・コミュニティの構築を助けるのに効果的である。新品種のコミュニケーションについては、農産物では一般製品において行われるような大規模な広告を打つことはできないのが実状であり、別な方法を模索する必要がある。先行研究においても、原田[14]は、成熟市場[4)]においては既存の供給効率追求型のマーケティング戦略や経営戦略の強化だけでは慢性的な不適合を生むケースが多くなっているために、消費者志向の概念からさらにもう一歩踏み込んだ関係性マーケティングの導入を論じている。大泉［15］は、青果物産地のマーケティングとブランド化について、製品属性による差別化のみでは不十分であり、「消費者に対する感情・フィーリング、概念的価値の訴えが重要」としているし、また、青谷［16］は、京野菜を対象とした調査から、食生活におけるブランドへの「こだわり」「愛着」が、とりわけ地域ブランドにおいては必要であるとしており、消費者のマインド内の愛着やこだわりのような概念的な価値を訴求するコミュニケーションが有効であるといえる。個人にアプローチするコミュニケーションの手段として、都道府県ではすでに作られているウェブサイトの充実が考えられる。都道府県の新品種は複数の品目にまたがって育成されることも多く、プレスリリースにとどまらない、コミュニティの構築に寄与するような積極的なコミュニケーションを行うことが反復的な購買につながるであろう。また、防疫のようなハードルはあるものの、生産現場に消費者を招く場をつくることも愛着を高める手段として有効である。新品種を育成したことが新聞記事になることについて否定的なニュアンスで述べたが、戦略的にこうしたプレスリリースの投げ込みによるパブリシティは有効に使うべきであり、育成したことだけではなく、どこで手に入り、どこで情報が得られるのかを示すことの方が「ブランド化を目指す」というコメントよりははるかに有益である。さらに、都道府県におけるブランド化においては、新品種の育成を都道府県というファミリー・ブランドによるブランド拡張と捉えることもできる。ブランド拡張にはトライアルの獲得可能性の増大やプロモーション費用効率の向上といったメリットがある。地元で育成された品種であれば、他県で育成された品種より手に取られる機会は増えるであろうし、一定の評価が得られている品目があれば他の品目への拡張も容易になる。また、都道府県にはいわゆる「ゆるキャラ」として人気を確立しているキャラクターもあり、こうした資源を活用することで新品種にも好ましい二次的なブランド連想をもたらすだろう。

都道府県における新品種のブランド化においては、チャネルやバリュー・プライシングといった戦略の整合性が求められる。その新品種を資源としてブランド化を図ることで、どれだけの売り上げを目標にしているのか、その売り上げによって、生産者にどれだけの見返りがあるのか、その販売チャネルは売り上げ目標に応えられるのか、消費者が購買を反復するためのコミュニケーションは行われるのか、戦略にフィットしたブランド・ネームとしての品種名をつけているのか。品種登録はスタートに過ぎず、ブランド化を目指すにはそのためのマーケティングが求められるのである。

第2節　イチゴの市場流通における産地と品種

1. イチゴへの限定

本書では、対象をイチゴに限定する。イチゴは、果実的野菜あるいは果物と分類され、流通・消費されている。図 1-1 に 1970 ～ 2010 年までの果物全体および生鮮果物の消費支出、加えて、果物の個別品目において 2010 年時点で消費支出の大きいリンゴ、ミカン、バナナ、イチゴの推移を示した。巷で「果物離れ」と評されるように、果物全体の消費支出はピークの 1972 年に比べて

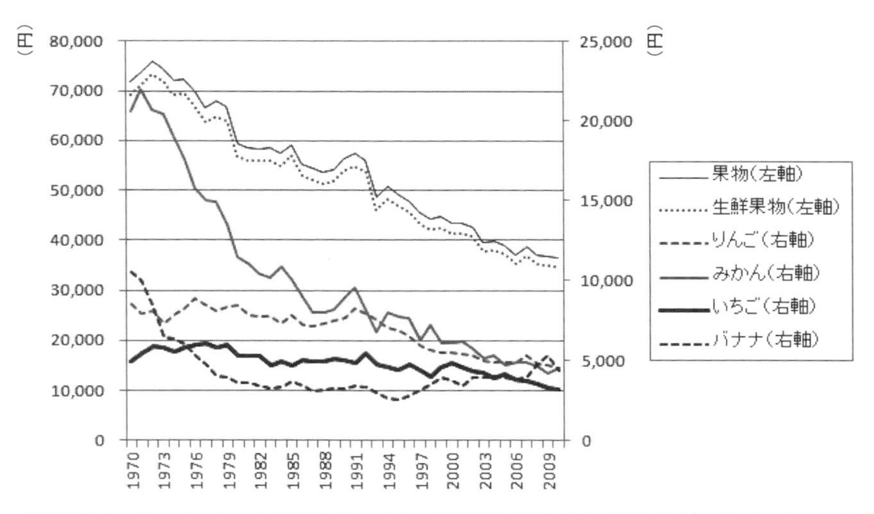

図 1-1　果物全体および主な果物品目の消費支出（円）の推移

注：総務省『家計調査』における1世帯当たり年間の支出金額（2人以上の世帯）に基づき、世帯員1人当たりの消費支出を示した（2010 年を 100 としてデフレートした）。なお、1999 年までは、農林漁家世帯を除く結果であり、2000 年以降は農林漁家世帯を含む結果である。

2010年には半分以下に落ち込んでいる。ピーク時において消費支出が多い個別品目はミカンであるが、ミカンの消費支出が大きく低下しているのに対して、バナナとイチゴにおいては変化が少なく、堅調に推移している。バナナは代表的な輸入果実であり、年間を通じて消費されているのに対し、イチゴは夏秋期に洋菓子向けに出回る輸入物を除いて国産シェアが98%程度と高く、施設を利用した冬から春に収穫を迎える作型によって全国で栽培されている。こうした、販売時期に季節性があることに加えて、貯蔵性もリンゴやミカンと比べて低く、いたみやすいということがイチゴの特徴である。

ここでは、イチゴに加えて、国産の果実品目の中でも消費量が多く、かつ、イチゴと同様に冬季を出荷時期とするリンゴ、ミカンについて支出金額、購入数量、購入頻度を見ていくこととする。

イチゴとリンゴ、ミカンは支出金額上位の果樹品目であり、年間の支出金額はそれぞれ、イチゴ3,243円、リンゴ4,520円、ミカン4,515円である。この支出金額に加えて購入数量、単価を示したのが図1-2である。リンゴとミカンの単価がそれぞれ22円と36円と低く、購入数量が10kgを超えているのに対し、イチゴは、単価110円、購入数量は3kg程度である。リンゴやミカンに対して、消費支出が堅調であるイチゴは、性格の異なる消費をされていると考えられる。これら3品目について、世帯主の年齢階級別の購入数量と購入頻度を示したのが図1-3である。全体的な傾向として、世帯主の年齢が高いほど果物に対する支出が増えている。購入数量については、イチゴが世帯主の年齢による差が小さいのに比べ、リンゴとミカンは世帯主の年齢が高いと購入数量も増える傾向にあり、もっとも低い29歳以下の年齢階層ともっとも高い70歳以上の年齢階層では5倍以上の開きがある。購入頻度についても同様に、世帯主の年齢が高い方が大きい傾向にある。購入頻度においては、リンゴとミカンに比べて、イチゴの年齢階層による変動幅は小さい。そのため、より低い年齢階層である20歳代～40歳代ではイチゴがミカンの購入頻度を上回っている。世帯主の年齢階層ごとに見ると、若い世帯においては果物の消費そのものが少ないなか、より単価の低いミカンやリンゴに比べて、高単価であるイチゴが購入される傾向にあり、40歳未満において、国産果実でもっとも購入さ

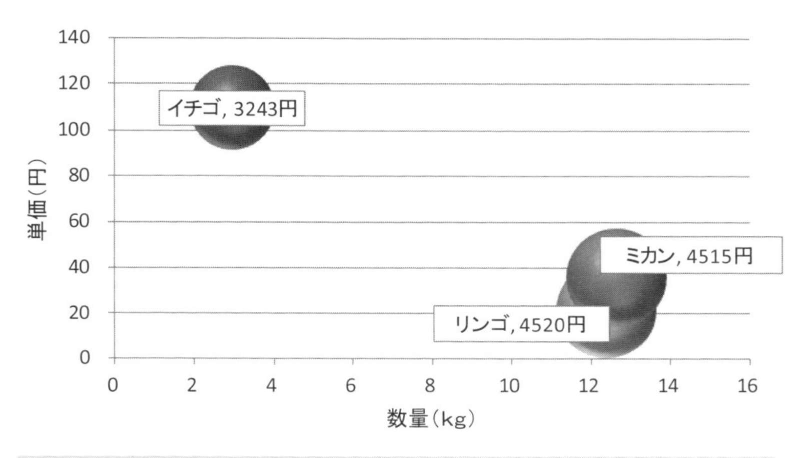

図 1-2　主な果物品目の家計消費における単価・金額・数量

注：総務省『家計調査』における 2010 年の１世帯当たり年間の支出金額（２人以上の世帯）に基づく。なお、金額については、バブルの大きさと図中に具体的な数値を示した。

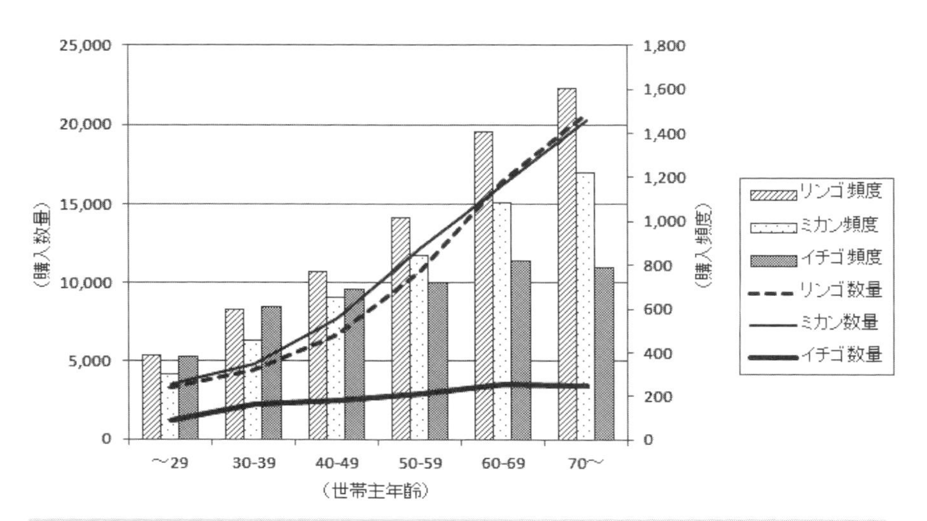

図 1-3　年齢階級別主な果物品目の購入数量（g）と購入頻度（100 世帯当たり）

注：総務省『家計調査』における 2010 年の２人以上世帯に基づく。

れているのがイチゴとなっている。

次いで、イチゴを対象とする理由として、品種とその育成をめぐる状況をあげる。イチゴは販売時点で品種名がPOP等に表示されることが多く、消費者にとっては、購買意思決定において品種名が選択行動の手がかりになっている品目ということができる。その背景として、各地で活発な新品種の育成が行われていることがあげられる。イチゴの品種は時代とともに移り変わってきたが、既存品種が高いシェアをもつなか、各産地が優れた品質と特徴をもつ新品種を市場に投入し、品種を活用して他産地との差別化を図ることによって産地間競争を展開していることもイチゴの特徴といえるだろう。

また、販売時点で品種名が表示されることは、品種のネーミングによる差別化の可能性を有することを示している。品種名は単なる標識ではなく、食味や産地を示唆する単語を含んでいたり、ユーモアや良いイメージをもたらすような語感によって、特徴ある果実品質に加えて感覚的な心地よさやストーリー性を消費者に伝達したりすることもできる。なかでも感覚的な心地よさやストーリー性は、食味や果実の大きさのような形質とは異なって他の品種では代替することができず、消費者と産地との関係性をより強めると考えられるため、イチゴにおいては各産地でも工夫を凝らしたネーミングが行われている。こうした果実品質以外の要素については、ポスターやキャッチコピー、イベントのような販売促進におけるイメージ創出との連携も考えられる。

さらに、こうした品種の育成を都道府県が担っていることもイチゴの特徴である。新たな品種の育成については、米・麦類・大豆の主要農作物を中心として、国や都道府県の公的機関が大きな役割を果たしてきた。これらの主要農作物における品種の育成については、1986年の主要農作物種子法の改正を受け、民間企業の参入が認められるようになり、現在では民間育種による品種も栽培されている。一方、青果物では、主要農作物とは異なる担い手によって新品種が育成されている。野菜と花きについては、市販品種の育成を担っているのは主に民間の種苗会社であり、国(独立行政法人)の試験研究機関では病害抵抗性や機能性に優れ、種苗会社等で品種開発の素材となるような先導的品種が、都道府県ではそれぞれの栽培条件に適応した独自の品種が育成されている。とくに、花きについては、海外品種が導入される割合が多い。果樹については、芽条変異(枝変わり)によって比較的容易に新品種が生まれることから、生産者段階も含む民間育種も見られることが特徴であり、野菜や花きに比べて国や都道府県によって育成された品種の割合が多い。果実的野菜であるイチゴにおいては、品種の育成を担っているのは主として都道府県の試験研究機関である（織田［17]）。品種の育成を都道府県が担うことによって、育成品種の生産振興を一体的に行うことができることもまた、イチゴの特徴と考えられる。

植物新品種は、知的財産として保護される。育成主体としての都道府県も新品種について育成者権を有するため、栽培する範囲を自県内に限定するのか、他県に栽培を許諾するのかという産地戦略に基づいた意思決定を行う必要がある。イチゴについては、各地で都道府県を主体とした品種の育成が進んでいることから、こうした栽培許諾と産地戦略に関して特徴的な取り組みがみられるため、品種の育成と産地戦略を論じるのに適している品目である。

イチゴを生産面からみると、施設利用によって北海道から沖縄県まで全国で栽培することが可能であり、収穫量が多い都道府県も栃木県、福岡県、熊本県、長崎県、静岡県、愛知県、佐賀県、茨城県、千葉県といったように関東、九州、中部を中心に全国に散らばっている。かつては出荷時期が産地ごとにずれていたが、単価の高いクリスマス需要をねらうために出荷時期を早める栽培技術が確立され、それに呼応した新品種が育成されてきたことと併せ、現在では全国的に促成栽培による出荷の前倒しが可能となった。時期的に各産地が集中して出荷するようになった結果、非常に活発な産地間競争が行われている。

消費者がイチゴを購入するのは主にスーパーや青果店と考えられるが、産地においてはこれらに加えて直売や摘み取り園のような購買チャネルも存在する。直売は農産物直売所に出荷されるものと、農家の庭先で売られるものがあるが、いずれも共同選果を行わないことをメリットとし、作付けの少ない品種の取り扱いや特徴あるパッケージ、高い鮮度といった特徴をもっている。摘み取り園については、果物のなかでも大きさが小さく、そのまま食べることができるイチゴ狩りの人気は高く、消費者のイチゴに対する良好なイメージを形づくっている。

このように、冬季を代表する果物として国内で生産される果物のなかで安定した消費が見込まれ、とくに若年層の消費者の人気も高く今後も伸びの期待される品目であること、また、都道府県を主体とした新品種の育成が活発に行われ、同じく都道府県が担う生産振興と併せて、知的財産としての新品種を活用した産地間競争を優位に展開するための販売方策が模索されていることから、本書は対象品目をイチゴに限定することとした。

2. イチゴの流通と品種

ここでは、近年における全国のイチゴの作付面積と収穫量、卸売市場における取引状況を概観する。イチゴの作付面積と収穫量の推移を図 1-4 に示した。作付面積は 1972 年の 13,800ha をピークとして減少に転じ、2011 年には 6,020ha という水準であり、この 40 年で半減している。収穫量は 1980 年頃からおよそ 200,000t の水準を維持して推移しているが、直近の数年はわずかに減少傾向である。作付面積が半減しているにもかかわらず収穫量が大きく減少

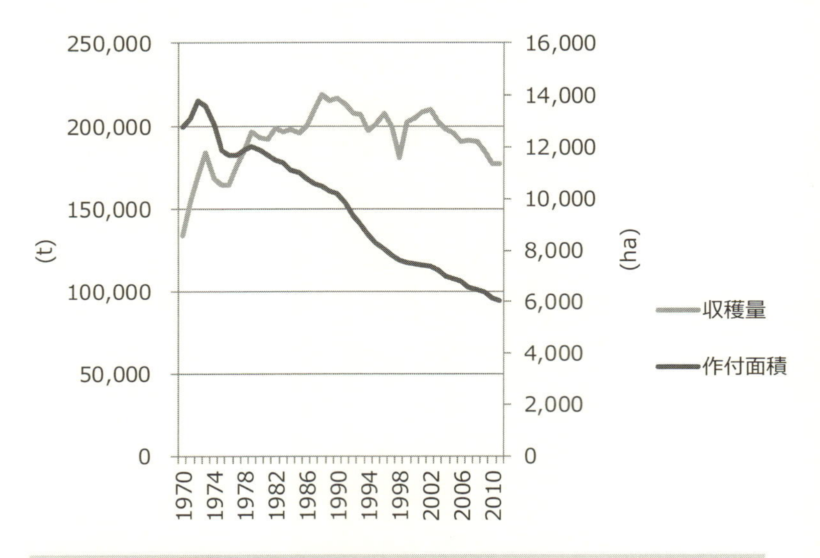

図 1-4　作付面積と収穫量の推移

注：農林水産省「野菜生産出荷統計」による全国の数字である。

していないことから、この40年間に単収が増加していることが読み取れる。

次いで、卸売市場における取引価額の推移を示したのが図1-5である。他の果実に比べて変動の小さいイチゴであるが、1970年以降増加してきた卸売価額が減少に転じていることがわかる。

ここに示した時期における日本経済は、オイルショック以後、長く続いた安定成長期を経て、1991年のバブル崩壊とともにデフレーションに陥り、2002～2009年までのいざなみ景気の間も含めて、「失われた20年」あるいは「平成不況」といわれる景気後退期を迎えた。また、こうした景気の変動に加えて、さまざまな分野で市場の成熟化が進んできた。市場の成熟化とは、財やサービスの普及が進むことによって、市場が拡大せず、成長率が停滞することとされる。

農産物における市場の成熟化は、商品ライフサイクルにおける成熟期を市場が迎えているかどうかで評価することが可能であり、卸売価額が上に凸の曲線を描いていることから判断できる。1970～2011年における卸売価額と天候等

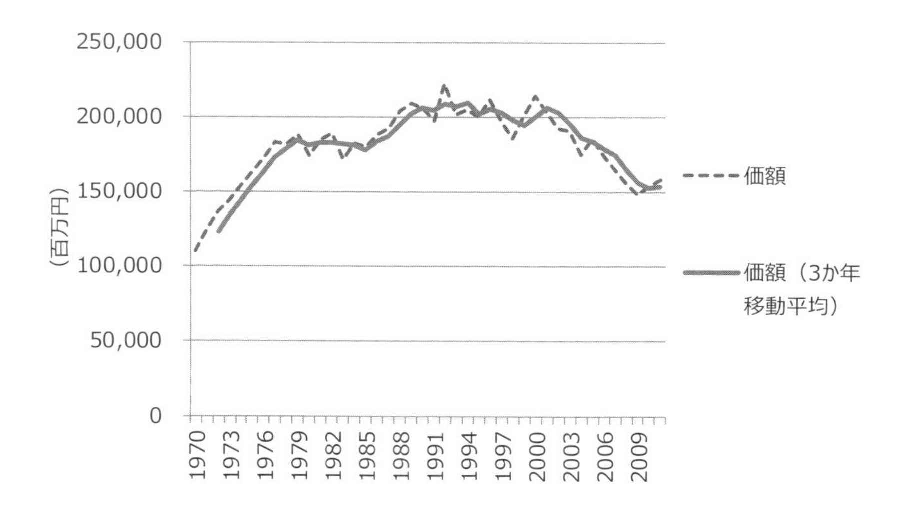

図1-5　卸売価額の推移

注：1）農林水産省「青果物卸売市場調査」に基づく。
　　2）2010年を基準として消費者物価指数によりデフレートした。

の影響を除いた移動平均についても図1-5に示した。卸売価額が最大となるのは1993年であり、1990年代前半に成熟期を迎えていたイチゴ市場は、市場が拡大せず成長率がマイナスとなった成熟市場であると判断できる。イチゴ市場の成熟化は、景気の後退と併せて、産地にとっては市場が拡大してきた段階とは異なる対応を要請するものと考えられる。飽和した市場においては、棚に並べば売れた時代とは異なり、限られたパイを奪い合うために他産地との違いを訴求することによって産地間競争を優位に展開する必要性がより一層高まっていると考えられよう。

そこで、こうした激化するイチゴの産地間競争のプレイヤーとなる産地について見ていくこととする。なお、ここまで述べてきたように、現在の全国におけるイチゴの収穫量は年間およそ20万トンであるが、その95%程度が冬から春に収穫される一季成り品種であり、夏場に収穫される四季成り品種はごくわずかな量にとどまっていることから、本書では、流通量の大半を占める一季成り品種のみを取り扱う。

2009年の農林水産省の野菜生産出荷統計に基づいて、都道府県別の出荷量について見ると、出荷量1位は栃木県であり、全国の18%を占めている。同様に2位は福岡県で12%、3位は熊本県、4位が長崎県でいずれも8%程度、5位は静岡県、6位が愛知県でいずれも7%程度であり、栃木県と福岡県の全国シェアにおける優位性は明らかである。また、関東、中部、九州と主産地が全国に分散していることも特徴である。同時期の品種構成については、品種別のデータが存在する東京都中央卸売市場の取り扱い実績によれば、東京市場で扱われている品種は、多い順に「とちおとめ」が48%、ついで「あまおう」が19%、「さがほのか」が13%、「紅ほっぺ」が9%であり、東日本の各地で栽培されている「とちおとめ」が高い市場シェアを確保している。また、出荷量全国2位の福岡県のみで生産されている「あまおう」が2番目に高いシェアであり、次いで出荷量では全国7位の佐賀県が育成した「さがほのか」が東京市場では3番目のシェアを得ている。大阪市場については、品種別の情報について公表されている統計は存在しない。上田[18]によれば、「さがほのか」が30%、「さちのか」が23%、「あまおう」が20%、「女峰」が7%、「ひのしずく」が5%である。

こうしたことからも、イチゴの流通において、新品種の台頭によって多様な品種が流通していることがうかがえる。

こうした新品種の台頭は、各産地において積極的な品種の育成が行われてきたことによるが、このことがもたらされた理由として、景気の後退とイチゴ市場の成熟化によって激化する産地間競争を優位に展開するための産地対応として、他産地にはない果実品質の良さを担保することを目的とした新品種の育成と導入が行われてきたためと考えられる。したがって、育成された新品種は、育成地である各産地にとって、産地戦略において重要な役割を果たすものとなっている。

注 ――――――

1）ここでは、いわゆる「農家」の経営を念頭に置いている。例えば、植物工場はどこでも同質の製品を作ることが可能であり、何を作るか、ということについて気候や土壌から制約を受けることはない。

2）消費者からみた農産物直売所のメリットの一つに「価格が安い」ことがある。一般にスーパーにおける生鮮農産物は不採算部門であるといわれる。農産物直売所でスーパーの価格に合わせて価格設定をした場合、いわゆる流通の中抜きを考慮に入れても再生産可能であるのか、生産者は考慮すべきであるが、農家が自らの生産コストを知っている場合は必ずしも多くない。

3）こうした契約に基づく農産物の取り引きは、これまで共選に出荷していた農家にとっては新しい経験であるので、需要者である企業にとっては「不作リスク」が存在する。これは、天候不順などによって不作であった場合、農家が契約を破って、より価格の高い市場に出荷して欠品を招く、というものである。自ら生産を行いながら農家からも野菜を集めて業務用に出荷するある企業では、70 歳以上の農家は約束を守れないことが多いため、契約栽培を行わないということである。

4）販売量の量的な拡大も成長率の伸びも期待しえない市場。農産物は成熟市場と見なせる品目が多い。

引用文献 ――――――

[1] 藤谷築次（1993）「農業経営と農産物マーケティング」長憲次編『農業経営研究の課題と方向』pp.345-364.

[2] 伊藤忠雄（2000）「コメのブランド化と消費の動き」『Aff』第 31 巻第 4 号、pp.12-15.

[3] 藤島廣二・中島寛爾（2009）『実践　農産物地域ブランド化戦略』筑波書房 .

[4] 生田孝史・湯川抗・濱崎博（2006）「地域ブランド関連施策の現状と課題：都道府県・政

令指定都市の取り組み」『富士通総研経済研究所　研究レポート』第 251 号、pp.1-94.
[5] 菅野由一、松下哲夫 、井上明彦 (2004)「特集　47 都道府県調査　地域ブランド構築で経済活性化 : 個別特産品から地域ブランドの時代へ 選ばれる地域目指し、マーケティング本格化」『日経グローカル』第 3 号、pp.4-19.
[6] 松原明紀 (2008)「農林水産物・食品の地域ブランドの確立に向けて」『パテント』第 61 巻第 9 号、pp.23-31.
[7] Keller, Kevin Lane (2013), *Strategic Brand Management*, 4th Edition, Pearson Education (ケヴィン・レーン・ケラー著、恩藏直人監訳『エッセンシャル戦略的ブランド・マネジメント　第 4 版』東急エージェンシー、2015 年、引用部分は p.10).
[8] 藤島廣二(2009)「地域ブランドとは ?」藤島廣二・中島寛爾編著『実践　農産物地域ブランド化戦略』筑波書房、pp.4-6.
[9] 小川孔輔 (2009)『マネジメント・テキスト マーケティング入門』日本経済新聞出版社、p.628.
[10] 石井淳蔵・嶋口充輝・余田拓郎・栗木契 (2004)『ゼミナール　マーケティング入門』日本経済新聞社、pp.421-458.
[11] 田村正紀(1998)『マーケティングの知識』日本経済新聞社、pp.39-44.
[12] 梅沢昌太郎(1998)「ブランド化」全国農業改良普及協会編『 新農業経営ハンドブック』pp.754-765.
[13] 久松達央 (2014)『小さくて強い農業をつくる』晶文社 .
[14] 原田一郎(1998)「成熟市場における関係性マーケティング導入の必要性と限界」『東海大学紀要 . 教養学部』第 29 巻、pp.69-81.
[15] 大泉賢吾(2006)「青果物産地におけるマーケティングとブランド化」『三重県科学技術振興センター農業研究部報告』第 31 号、pp.7-10.
[16] 青谷実知代 (2010)「地域ブランドにおける消費者行動と今後の課題」『農林業問題研究』第 45 巻第 4 号、pp.343-352.
[17] 織田弥三郎(2009)「栽培イチゴ (1)」『日本食品保蔵科学会誌』第 35 巻第 2 号、pp.95-102.
[18] 上田晴彦 (2011)「市場から見たイチゴブランドの動向と販売戦略 : モモイチゴのこれまでを振り返りながら」『園芸学研究』第 16 巻別冊 2、pp.50-51.

第２章
イチゴにおけるブランド化と品種の役割

第１節　我が国におけるイチゴの流通と品種育成

1．イチゴ品種の変遷

現在、イチゴは冬季の代表的な果物として定着している。本節では、我が国におけるイチゴの品種の変遷について森下[1]に依拠して述べる。

イチゴは江戸時代に南蛮船によってもたらされたとされるが本格的な栽培が始まったのは明治期であり、1898年に新宿御苑に勤務していた福羽逸人によって「福羽」が育成されたのが我が国におけるイチゴ品種の始まりである。「福羽」は日本で普及していった促成栽培の主要品種であり、また、その後育成された促成用品種の育種親としても利用された。また、1906年には現在の促成栽培の基本となる石垣イチゴ栽培が萩原清作によって考案され、栽培面積の拡大に寄与した。戦後、イチゴ生産は復活し、作付面積は拡大していく。

こうしたイチゴ生産を支えた品種の移り変わりについて述べていこう。戦後間もなく、国公立の農業試験場によってイチゴの育種が開始され、露地栽培用品種の開発が行われた。また、ビニルの普及によってマルチ栽培やトンネル栽培などの早出し作型が開発され、育種も露地品種、半促成品種、促成品種の育成へ移った。この時期には1950年にアメリカから「ダナー」が導入され、国内では、1960年に兵庫県農業試験場によって「宝交早生」、1967年に九州農業試験場によって「はるのか」が育成された。

図2-1に1981年から2003年までの主な品種の作付面積の推移を示した。

1980年代前半までは、東の「ダナー」、西の「宝交早生」、九州の「はるのか」が日本のイチゴ生産を担った。この時期はイチゴの収穫量が単収の増加によって伸びていく時期であり、本書では「(収穫)拡大期」と呼ぶこととする。この時期、もっとも作付けの多かった品種は「宝交早生」であり、ピークとなった1987年には作付面積の54.6%を占めている。1984年には農林水産省野菜茶業試験場久留米支場が育成した「とよのか」、翌1985年には栃木県農業試験場栃木分場が育成した「女峰」が品種登録された。「とよのか」は、九州の「はるのか」地帯、中国、四国、関西の「宝交早生」地帯へと普及し、西日本を代表する品種となった。「女峰」は、関東の「ダナー」地帯、東海、関西、四国の「宝交早生」地帯へと普及し、東日本を代表する品種となった。林 [2] は、これらの品種の普及の過

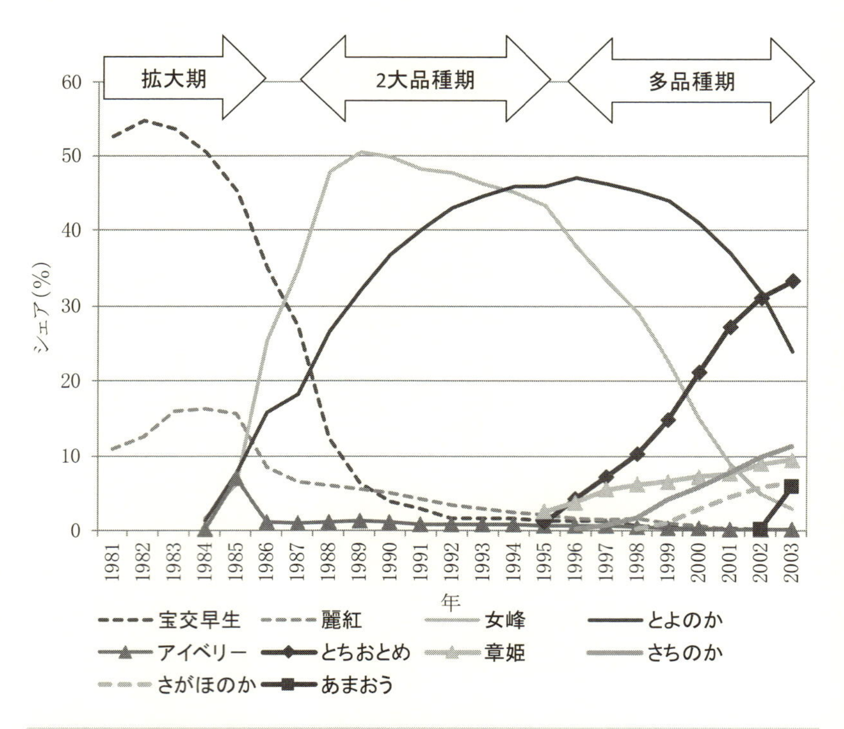

図 2-1　イチゴ品種シェアの変遷

注：森下[1]によるイチゴ主産県協議会のデータに基づいて一部改変した。

程について、それぞれの育成地を普及の中心とするような距離減衰的普及パターンを示すこと、栃木県と農林水産省という育成者の違いはあるが、共通して経済連や農協、県が新品種の普及促進に積極的に関わったことを指摘している。こうして普及した「女峰」と「とよのか」は、1990年ごろから2000年ごろまでの間、2品種を合わせた作付面積のシェアが80%を超え、東西の横綱と称される地位を築いていた。この時期を「2大品種期」と呼ぶこととする。

この「2大品種期」において、栃木県と福岡県はそれぞれ新品種の育成を進めており、栃木県は1989年に17年続けてきた販売額の日本一を福岡県に明け渡したことをきっかけとして1990年から新品種の育成に着手し、1998年に栃木県農業試験場において「とちおとめ」を育成（栃木県農業者懇談会[3、4]）、福岡県においては、「とよのか」が導入から20年を経過し、2000年には野菜茶業試験場久留米支場において育成された「さちのか」、2001年には佐賀県農業試験研究センターにおいて育成された「さがほのか」、2002年には静岡県農業試験場において育成された「紅ほっぺ」が登録されるなど、他県で優良品種が育成されていたことも併せ、2005年に福岡県農業総合試験場園芸研究所が品種名「福岡S6号」を品種登録し、これを「あまおう」として全国農業協同組合連合会が商標登録を行った（三井・末信[5]）。

このように、2000年以降には各都道府県が次々と独自品種を開発し、作付面積を増やしている。この2000年以降を「多品種期」と呼ぶこととする。この、「2大品種期」から「多品種期」に移り変わる時期と、全国の卸売価額がピークを迎え、拡大から縮小に転じた時期はほとんど同じであり、単純に拡大するのではない成熟市場における質的な差別化の源泉としての品種の活用を各産地が考えるようになった。

表2-1に、2000年以降に育成されたイチゴの品種名と育成者を示した。表2-1に示した31品種中25品種が都道府県による育成品種であり、短期間に多くの品種が都道府県によって育成されていることが見て取れる。

表 2-1　2000 年以降に育成された品種と育成者

年度	品種名	育成者	年度	品種名	育成者
2000	さちのか	野菜茶試久留米	2005	あまおう	福岡県
2000	アスカルビー	奈良県	2005	福岡 S7 号	福岡県
2001	さがほのか	佐賀県	2005	やよいひめ	群馬県
2001	春訪	千葉県	2005	ダイヤモンドベリー	庄野隆
2001	ビーストロ	愛知県	2005	清香	木下清和
2001	アイストロ	愛知県	2006	ふくはる香	福島県
2001	ぴぃひゃらどんどん	福島経済連	2006	ふくあや香	福島県
2002	さつまおとめ	鹿児島県	2006	ひのしずく	熊本県
2002	サンチーゴ	三重県	2007	美濃姫	岐阜県
2002	伊予姫	日泉化学	2007	山口 ST9 号	山口県
2002	夢甘香	兵庫県	2007	ゆめのか	愛知県
2002	アマテラス	星野光輝	出願中	さぬき姫	香川県
2002	めぐみ	徳島県	出願中	ひたち姫	茨城県
2002	ケーキ早生	静岡県	出願中	もういっこ	宮城県
2002	紅ほっぺ	静岡県	出願中	あまおとめ	愛知県
2003	ふさの香	千葉県			

注：織田 [6] から引用。なお、「あまおう」は全国農業協同組合連合会の商標であり、品種名は「福岡 S6 号」である。

2. 多品種期における育成地による品種のブランド化

イチゴの品種育成は、都道府県の公設試験研究機関がその主体となって行われていることが多い。

1998年の改正種苗法、2002年に知的財産基本法が公布され、植物新品種について、登録品種の育成者の権利が「育成者権」として、他の知的所有権と同様に位置づけられた。このことについて、斎藤 [7] は、公設試験研究機関による、新品種の開発、登録による保護、ブランド化による活用という流れを統合する戦略構築が必要であり、さらに、品種登録や商標登録に加えて、栽培方法等の生産システムの特許による知的財産制度の活用が課題となることを指摘している。都道府県にとっては、品種の育成のみならず、品種登録や商標登録による保護、新品種のブランド化による活用という行政的な課題に対して、育成権者たる産地としてどのような戦略をもつのかが問われている。

多品種期のイチゴにあっては、出荷量が日本一である栃木県の「とちおとめ」が県外に栽培許諾され、広がっていた「女峰」の産地において品種更新のかたちで普及しており、東日本の多くの県で「とちおとめ」が栽培されてきたため、東日本においてはガリバーと称されるような大きなシェアを獲得している。そのほか、「さちのか」「紅ほっぺ」「もういっこ」といった品種も県外への栽培許諾を行っているため、こうした品種を栽培することも他産地にとって選択肢の一つである。

そうしたイチゴ市場において、品種のブランド化とはどういった意味をもつのだろうか。

ブランド化については、第１章で述べたように、消費段階において差異を形成することで達成されると考えることができる。東日本のイチゴ市場において、「とちおとめ」はもっとも多く取り引きされており、かつ、さまざまな産地において栽培されている標準的な品種である。生産者側から見ると、標準的な品種である「とちおとめ」を生産することで市場への参入が容易になる。反対に、「とちおとめ」以外の品種を市場に投入するには品種が参入障壁となり得る。生産者にとって、「とちおとめ」はどちらかといえばコモディティ的な位置づけと考えられる。一方、消費者にとっては、「とちおとめ」はよく知られた品種であり、ブランドとして位置づけられる。波積 [8] は、一次産品のブランドについて、認知水準と商品特性から、「ナショナル・ブランド」「セレクティッド・ブランド」「セレブリティ・ブランド」に分類し、このうち「ナショナル・ブランド」を、一定の品質で規格化され、大量生産されているものと定義している。波積［8］に従えば、とくに東日本のイチゴ市場における「とちおとめ」は、消費者にとって「ナショナル・ブランド」として位置づけられていると考えられる。

多品種期における品種を活用したブランド化には、この「とちおとめ」が標準的な品種となっている市場に新品種を導入するという意味がある。産地にとっては、新品種を用いて、波積［8］が「ナショナル・ブランド」に対して相対的に差別化されると分類した「セレクティッド・ブランド」以上を目指す取り組みと考えられる。したがって、イチゴにおける品種によるブランド化は、成熟市場であるイチゴにおいて、育成地が「ナショナル・ブランド」である「とちおとめ」に対して差別化を図る取り組みと考えることができる。

第２節 「価値競争」とブランド化における品種の役割

1．ブランド研究の展開と「価値共創」アプローチ

ブランド研究は、1980年代のアーカー［9］による「ブランド・エクイティ」論以後、さまざまな分野との関連で発展を遂げた。とりわけ、戦略論の分野において競争優位の源泉としてブランドに対する関心が高まった。2000年以降になって活発化したブランドにおける価値や関係性のアプローチは、戦略論との関わりが深いと考えられる（青木［10］）。こんにちの製品やサービスのコモディティ化が進行した市場においては、物性面や機能面での差別化が困難となるため、企業はブランドの顧客との関係性に注目しており、関係性マーケティングの有効性が示されているのは第１章で述べたとおりである。

この関係性マーケティングについて、企業と顧客の間のインタラクションとしてのブランドに注目したのが和田［11］である。和田［11］はブランドの価値について、「基本価値」「便宜価値」「感覚価値」「観念価値」の４つの階層に分類し、このうち「感覚価値」「観念価値」が、効用と峻別された感動を生み出すブランド価値であるとしている。こうした「価値」や「関係性」は、ブランドを持続的競争優位の源泉として捉える戦略論とも整合し、これら「価値」と「関係性」が交差する領域としての「価値共創」に関心が高まっている（青木［10］）。「価値共創」とは、

「価値は企業と消費者がさまざまな接点で共創する経験の中から生まれる」とされ、青木[10]は、この「価値共創」を、モノがサービスに包摂されるとするサービス・ドミナント・ロジックとの関連で述べている。すなわち、従来型のモノと貨幣が交換される「交換価値」に対して、購買の前後も含め消費や使用のさまざまな文脈のなかで、企業と顧客の共創によって実現される「使用価値」「文脈価値」を重視する点にサービス・ドミナント・ロジックの特徴がある。

このような2000年以後活発になった「価値共創」アプローチを受け、産地による農産物のブランド化も、農産物そのものの品質向上だけでなく、より顧客との関係性を重視し、ブランド価値を築き上げるステージにあると考えられる。農産物のブランド化が各地で取り組まれているのは、農産物市場の成熟化が背景にあると考えられ、そうしたブランド化の源泉として品種に対する期待が高まっているといえる。本書が対象とするイチゴ市場における新品種の導入のように、市場が成熟化していたり、果実品質による物性面や機能面での差別化が困難あるいは限定的であったりする場合は、とりわけそうした「価値共創」アプローチが有効であろう。和田［11］によるブランド価値の4つの階層からなる価値構造に基づけば、消費者に楽しさを与える価値であったり、五感に訴求する価値であったりする「感覚価値」、意味論や解釈論の世界での製品価値であり、ヒストリー性・シナリオ性・ストーリー性といった意味や解釈が付与された「観念価値」の階層での価値を構築することが求められていると考えられる。

2. ブランド化における品種の役割

種苗法は、品種を「重要な形質に係る特性の全部又は一部によって他の植物体の集合と区別することができ、かつ、その特性の全部を保持しつつ繁殖させることができる一の植物体の集合をいう」と定義している。

品種について、波積［8］は一次産品のブランド化における品質保証や差別化の源泉として、品種、生産・加工技術、産地、流通過程における評価・選別をあげており、なかでも品種について、改良によって優れた品種が確立されることによって品質が保証され、さらに、品種が質的に優れていることに加えて量的に希少であることにより差別化ができるとしている。

青果物における品種の機能は、消費段階において知覚される場合とそうでない場合に大別される。一般に、野菜品目の多くは販売時点で品種名が表示されることはないため、消費段階において品種が知覚されていないと考えられる。こうした場合の品種の機能は、耐病性や多収性といった生産面でのメリットがあるものの、消費者にとって品種が選好の基準となることはない。一方、果実や果実的野菜においては販売時点で品種名が表示され、西洋ナシの「ラ・フランス」やブドウの「巨峰」のように消費者の高い知名度を有するものも存在しており、消費者の選好において品種が重要な役割を果たしている。

果実的野菜であるイチゴは、品種名が販売時点において表示される品目である。こうした品目では、品種によって消費者に識別されることを利用し、ブランド化の源泉である特定の産地と特定の品種の組み合わせによって、販売における競争優位を得ることができる。また、登録された新品種は既存の品種に比べて区別性をもっているが、登録上の区別性における差異は一般の消費者にとって知覚できるとは限らない。品種の機能について見れば、耐病性や多収性、選果を容易にする収穫物の斉一性、流通面で重要な日持ちの良さや果肉の硬さ、物日需要への対応に代表される適時出荷性といった事項は、栽培面でのメリットであり、消費者にとってその恩恵は感じづらいと考えられるが、良食味や香りの良さ、果実の大きさといった果実品質、さらには消費者にとって好ましい何らかの物語性を伝達することは、消費者にまた購入したいと思わせる販売面でのメリットである(図 2-2)。

また、1998 年に改正された種苗法のもと、新しい品種の育成について、登録を行うことで知的財産権としての育成者権が与えられることとなった。育成者権は審査に基づく品種登録の時点から 25 年間保護され、この間、優先権や専用利用権が与えられる。育成権者にとっては作付面積が広がればそれだけ品種登録によって恩恵を受けるものであり、品種開発が各地で進んでいるのはこうした知的財産権としての品種の機能が背景にあることも見逃せない。

以上のことから、品種の機能には、生産、流通、販売の各段階でのメリットに加え、知的財産としての機能があると考えられる。

知的財産として品種を活用する場合、品種登録の他に商標登録という選択肢

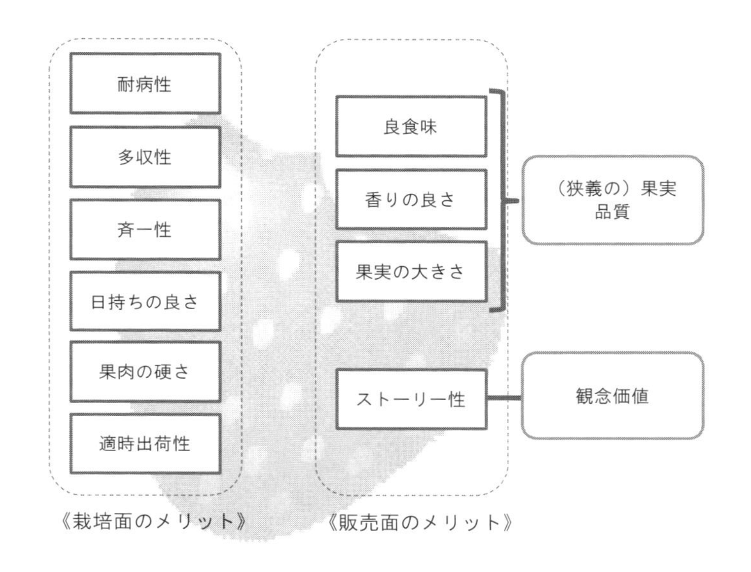

図 2-2　イチゴ品種のもつ機能

注：筆者が構成した。

がある。商標登録については、出所表示機能を有する標章であることから、その機能を発揮するのは特定人に使用を独占させた場合であり、品種登録については、他の品種と区別するという機能を有することから、流通段階に関与する者に広く使用が認められる（井内ら [12]）。産地が生産から流通、販売の間のどの段階で品種を保護し、活用するのかに応じて戦略的な意思決定として品種登録あるいは商標登録が行われるべきである。

商標登録によるブランド化を進めている例として「あまおう」がある。「あまおう」については、本書では品種と見做しているが、本来は全国農業協同組合連合会による登録商標であり、品種としては福岡県の育成した「福岡 S6 号」が用いられている。「あまおう」においては、福岡県が苗の供給者である全国農業協同組合連合会福岡県本部（JA 全農ふくれん）に対して、苗の譲渡を県内の生産者のみに限定することを条件とした通常利用権の許諾を行っていることによって、生産者が福岡県内のみに限定されている。これは、福岡県内の農業者の利益と産地競争力確保に加えて、栽培管理の指導が行き届く範囲に限定することによって品質を確保するというねらいもある。同時に、JA 全農ふくれんが、「あまおう」の果実および加工品販売の商標権者となって販売に活用している。こうしたことによって、種苗を育成者権で守り、果実や加工品のブランドを商標で守るというブランド化戦略をとっている(三井・末信[5])。

ここで、先述の和田［11］のブランド価値の構造に基づいて、品種のもつ要素を整理しよう(図 2-3)。和田[11]の示した価値構造における「基本価値」には、品種がもつ要素のうち、食味の良さ、より詳しくは糖度や甘酸のバランスといったことがあげられる。同様に、「便宜価値」には値ごろ感あるいは買いごろ感がある。和田［11］は、値ごろ感について、商品の価値に対して、アフォーダブルであることと述べている。さまざまなブランド化の取り組みにおいて、付加価値といったことが強調されるが、ブランド化主体の狙いの一つは安売り競争から抜け出すためのアフォーダブルな価格設定であろう。また、価格のほかにはパッケージングの要素もある。イチゴについては、従来型のレ

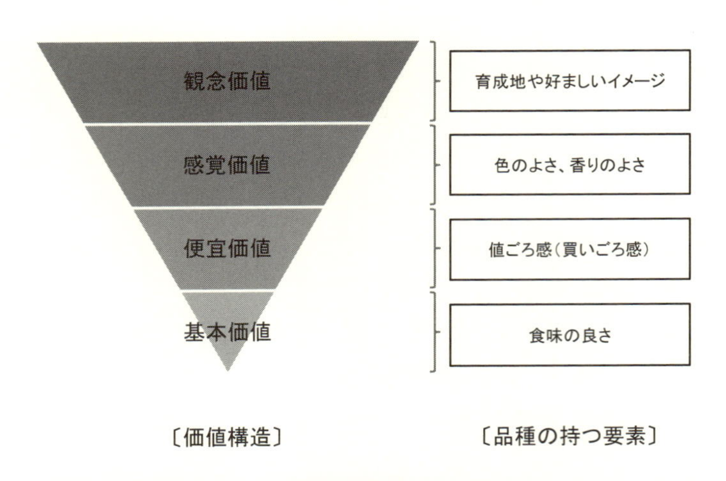

図 2-3　ブランド価値構造と品種のもつ要素

注：和田[11]に加筆した。

ギュラーパックに加えて、輸送時の振動や衝撃によるオセと呼ばれる損傷を低減するモールドパック、販売価格を低く設定できる小分けパックといったものも増えてきている。品種のもつ特徴が大果性である場合においては、こうしたパッケージングと価格設定の組み合わせを用いて、たやすく購買し消費できることの価値である「便宜価値」につなげることができる。「感覚価値」は楽しさを与えたり、五感に訴えたりする価値である。イチゴの品種については、果色や香りといった要素がこうした「感覚価値」に含まれる。イチゴは果実の香りがよく、赤い色も売り場で目を引く。また、加工品の用途であるので本研究の範囲をはずれるが、ショートケーキの上に載せられるイチゴは「感覚価値」そのものと考えられる。「観念価値」はイチゴ品種のネーミングにおいて、育成地や好ましいイメージを示唆することが該当する。品種名に育成地を示唆する単語が含まれていたり、イチゴのもつ好ましいイメージを想起させたりするようなものである場合、消費者との関係性の構築により継続的な購買につなげることができると考えられる。和田[11]は、「感覚価値」と「観念価値」にこそコモディティに対するブランド価値が存在すると述べている。イチゴは果実品質による差異があまり大きくないと考えられるため、新たな品種の育成によって差別化を図ろうとするならば、消費者に対して、品種のもつ要素のうち、これらの価値に対応する要素を訴求することがブランド化戦略には有効であると考えられる。

3. 品種の育成主体としての都道府県

一般に、品種の育成は種苗会社や公的機関、農業者などさまざまな主体によって担われている。とりわけ、国や独立行政法人、都道府県の公設試験研究機関においても品種の育成が行われている点が農産物における特徴といえるだろう。

公設試験研究機関において品種の育成を行う理由として、徳田［13］は、地域特性に応じた試験研究と規模の経済をあげている。農産物は、その生産における地域の気候や土壌の影響による耕種的条件、また、流通における出荷先市場の位置や規模、競合産地といった社会的条件もさまざまである。そうした地域の条件に応じた農業生産を行うために要求される特性を満たす品種を育成するには、国の試験研究機関が一元的に行う育種では不十分であり、都道府県レベルでの試験研究が求められる。また、品種の育成には一定の資本と労働投下が必要であり、さらに、近年の多様化する消費者ニーズに適応した品種開発競争に対応するためには、品種育成のスピードも求められる。個人レベルでの品種育成も可能ではあるものの、公設試験研究機関が有する施設や遺伝資源、人的資源といった研究リソースを活用することで品種育成を効率的に進めることができる。さらに、地域における農産物の販売戦略との整合性が公設試験研究機関による品種育成の理由としてあげられる。品種育成のみでは農産物の販売戦略には不十分であり、農業振興のなかに新品種をどのように組み込み販売戦略を構築するか、という意思決定を品種育成主体である都道府県が行うことに意義がある。都道府県の農業振興は、栽培技術の普及、育苗や選果といった施設整備の支援、販売戦略の構築といった網羅的なメニューによって構成されている。こうした仕組みをもつ都道府県が品種を育成することは、生産から販売までの一元的な管理を可能にするものと考えられる。また、地域に残る在来品種の維持と活用といった比較的新しいトピックスについても、公設試験研究機関による取り組みが効率的といえるだろう。

また、都道府県が育成した品種が登録されると育成者権が発生することから、都道府県の販売戦略にとって、他の主体に栽培を許諾するという選択肢も考え得る。斎藤 [7] は、公的研究機関の役割と都道府県の生産・販売戦略について、イチゴを対象として、栽培を県外に許諾する公益的戦略の「とちおとめ」型と、都道府県内または地域限定生産に商標登録を併せた産地ブランド化戦略の「あまおう」型があり、中規模以上の産地で「あまおう」型品種の増加によって1都道府県1品種の状態がもたらされ、品種の飽和化によるブランドの生き残り競争に発展することを予想している。育成品種の栽培許諾に関して、他県に栽培を許諾するのか、自県で抱え込むことで他産地との差別化を図るのかについては、市場における産地構成と産地の生産規模に基づくポジショニングの検討と併せて評価する必要がある。その際に、ポジショニングに応じてどういったネーミングを行えばよいのか、価格やチャネルに関するマーケティング戦略をどう変化させるかといった課題に産地は答えを出さなくてはならない。

第３節　福島県におけるイチゴの生産振興と品種の育成

1. 分析対象の選定

これまで述べてきたように、イチゴ市場の特徴としては、果物全体の消費が落ち込む中、堅調に推移しているものの、市場の拡大は見られなくなった成熟市場であると捉えられる。とくに東日本においては、品種では「とちおとめ」が各県で多く生産されており、東京都中央卸売市場で取り扱われている品種の半数近くはこの品種である。また、流通チャネルについては、卸売市場を介したものが主流であるが、農産物直売所や摘み取り園といった直接消費者に届けられるチャネルも存在している。さらに、都道府県による品種の育成が活発であることも特徴である。イチゴが流通するのはクリスマス前から初夏までと季節的に集中し、また、2大産地と評される栃木県と福岡県の他にも全国に分布した産地がそれぞれ競争関係にあるため、各都道府県において産地間競争を有利に展開するための方策が模索されていることもまたイチゴの特徴である。

本書においては、こうした特徴をもつイチゴの産地について、分析にあたっては福島県を対象として選定する。栃木県や福岡県のような大産地以外のイチゴ産地にとって、拡大の期待できない成熟市場においては、独自に育成した品種を活用し、消費者の知覚可能な差異を基にしたロイヤルティを獲得し、他産地との競争を優位に展開するという課題がある。こうした課題に対する知見を得るため、作付面積が中規模以下であることから市場への影響力が小さく、都道府県が育成した独自品種を活用して生産の拡大を図っていこうとする産地として、福島県は格好の素材である。

福島県のイチゴ生産は、2010年時点で作付面積が132ha、出荷量は2,440tと全国16位であり、生産規模は全国でも中位である。また、福島県は全国一のイチゴ産地である栃木県だけでなく、福島県より規模の大きな宮城県や茨城県といった産地と隣接しており、東日本における標準的な品種である「とちおとめ」主体の生産を行っている。隣接する産地からも福島県内の市場へイチゴが入荷されるため、福島県産イチゴの、シーズンを通しての県内シェアは必ずしも高くない。こうした環境の下、福島県ではイチゴの独自品種を育成し、これを活用した生産振興が進められている。イチゴの産地としての福島県の特徴をまとめると、既に市場において確たる地位を築いている大規模産地に隣接している中規模の産地であるために市場占有率も低く、後発産地として都道府県が新たに育成した品種をブランド化して活用することによって生産拡大を図ることが課題となっているといえよう。

福島県におけるイチゴを対象とすることによって、都道府県が育成した新品種の活用による、成熟化した市場における後発産地のマーケティング戦略に関する知見を得ることが本研究の目的であり、これは他の品目や産地においても参考になるものと考えられる。

2. 福島県におけるイチゴの生産と消費

福島県におけるイチゴの流通と消費について概観してみよう。

福島県で生産されたイチゴは、総出荷量のおよそ67%が農協等へ出荷され、約20%が直販、約10%が直売所で販売されて消費者へ届けられている（図2-4)。福島県は、イチゴを県内4産地で重点品目と位置づけ生産振興を図っているが、これらの4産地の農協で、全農協の取扱量の80%を占める。これら農協の出荷先と出荷量は表2-2のとおりであり、県外の卸売市場に対して

表2-2　主な産地の出荷先と出荷量

	出荷量計	主な出荷先			その他市場	
		S市（県外）	F市（県内）	I市（県内）	県内	県外
A農協	909	216	218	—	134	341
B農協	187	—	6	178	2	1
C農協	199	—	—	199	—	—
D農協	67	—	…	—	25	41
全農協計	1,698	216	224	385	…	…
福島県産のシェア（福島県産の順位）		13%（2位）	84%（1位）	37%（1位）		

注：1) 2005年の実績を筆者がまとめた。出荷量の単位はtである。
2) 出荷量が相対的に低い市場を「その他市場」とし、県内と県外に分けて示した。

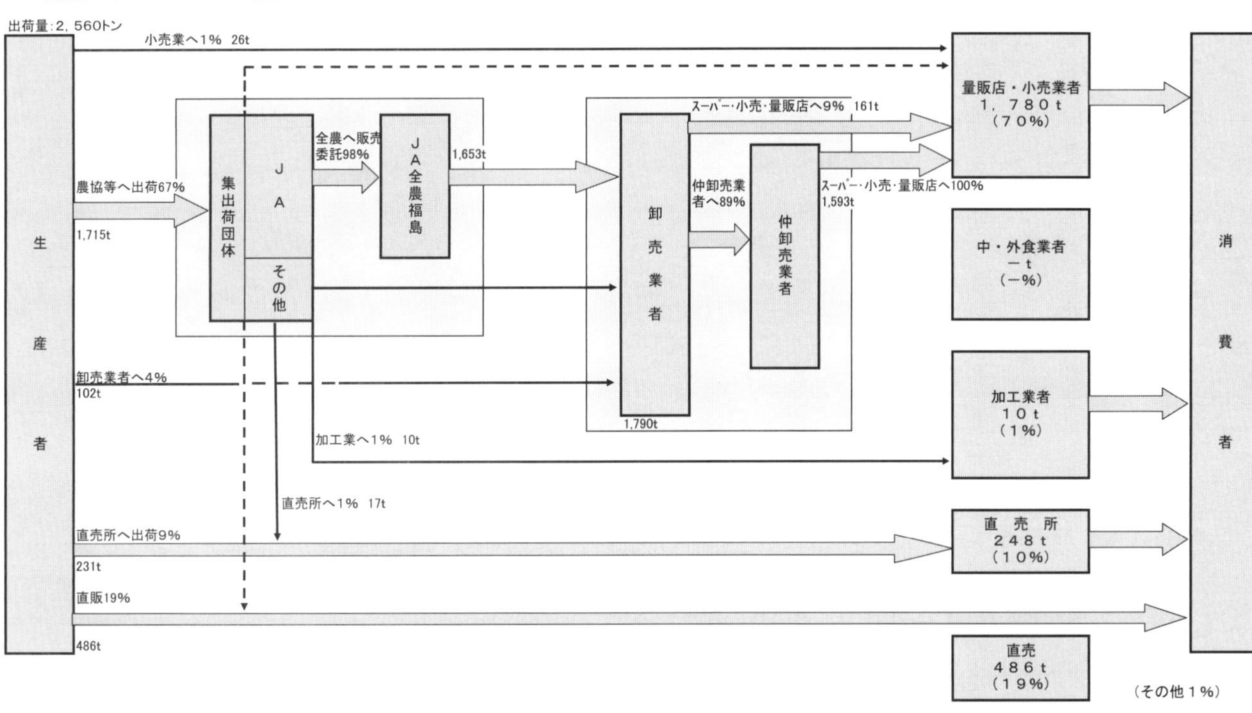

図 2-4　福島県産イチゴの流通フロー

注：福島県農林水産部「福島県農林水産物販売促進基本方針」による。

も出荷は行われているものの個々の市場への出荷量は少ないため、他の主要な生産県に比較して、福島県の生産規模は小さく、福島県産イチゴの主な出荷先は福島県内の市場である。また、福島県の人口はおよそ 2,091 千人、709 千世帯であり、イチゴの消費量は世帯当たり 3,555g である [1)]ので、2,500t 程度が福島県内の消費量であると推定される。直販および直売所への出荷と表 2-2 の農協への出荷を合わせると、福島県内で消費されているイチゴに占める県内産の割合はおよそ半分から 4 分の 3 程度と考えられる。

3. 福島県によるイチゴ品種の育成

ここで、福島県が育成したイチゴ品種である「ふくはる香」(図 2-5) と「ふくあや香」の育成経過についてまとめておこう。いずれも福島県が初めて育成したイチゴの品種であり、このほかに福島県が育成したイチゴ品種はない。福島県がイチゴ品種の育成に着手したのは「女峰」が主な栽培品種であった 1990 年頃であり、当時は「とよのか」に比べて「女峰」の食味や果実の大きさが問題となっていたため、新品種の育成にあっては、良食味、大果性、低温伸長性が主な育種目標となった。

図 2-5　果形の美しさも特徴である「ふくはる香」

写真提供：氏家隆氏。

2002年に２つの品種が育成を完了し、それぞれ、「ふくはる香」「ふくあや香」として2003年に命名・出願、2006年に品種登録されている。それぞれの特徴を表2-3に示した。「ふくはる香」は、「女峰」より良食味・大果で促成栽培に適する高品質多収品種として、「ふくあや香」は、「女峰」「とよのか」より良食味・大果で半促成栽培に適する高品質多収品種として育成されており、いず

表 2-3　福島県が育成したイチゴ品種の概要

品種名	ふくはる香(登録番号：13640)	ふくあや香(登録番号：13641)
登録年月日	2006年2月27日	2006年2月27日
特徴	草姿は立性で草勢が強い。厳寒期の草勢の低下が少ない。 糖度は高く、酸度がやや高く、食味が良好である。 花房の発生は連続しており、収量が安定している。 果皮の色は鮮紅、果形は長円錐、果肉色は淡紅、果実の光沢は良い。 花房当たりの花数は「女峰」よりも少ないが、着果した果実が無駄なく肥大し、収穫調製作業の省力化になる。	草姿は立性で草勢が強い。厳寒期の草勢の低下が少ない。 糖度は高く、酸度がやや高く、食味が良好である。 果皮の色は鮮紅色、果形は円錐、果肉色は橙赤、果実の光沢は良い。 花房当たりの花数は「女峰」よりも少ないが、着果した果実が無駄なく肥大し、収穫調製作業の省力化になる。
収穫開始時期	促成栽培の時期（9月中旬定植）で1月上旬～（女峰より10日遅い）。	促成栽培（9月中旬定植）で1月中旬、「女峰」より約30日遅い。半促成栽培（10月上旬定植）で2月上旬、「麗紅」より約5日早い。
県内の適応作型	促成栽培	促成栽培および半促成栽培
育成の経過	「章姫」を母に、「さちのか」を父として平成7年に交配、以後選抜を重ね、2002年に育種目標とする特性を確認して、育成を完了した。	「いちご福島2号」（母）「大鈴×アイベリー」の選抜系 ×（父）「Chandler」）を母に、「いちご福島1号」（「章姫×さちのか」の選抜系）を父として、1995年に交配、以後選抜を重ね、2002年に育種目標とする特性を確認して育成を完了した。

注：福島県ホームページを基に一部改変した。

れの品種も福島県の気候に適応し、電照と加温の必要がない低温伸長性に優れる特長を有している（福島県農林水産部［14、15］）。2000年頃までの福島県内のイチゴ経営は、簡易なパイプハウスによる栽培が中心であったため、夜温が5～8℃で管理できることは経営上のメリットとなり得る。

なお、福島県は、こうした品種の育成と併せ、「県オリジナル品種ブランド化推進事業」によって県産農産物の販売面の強化も進めている。この「県オリジナル品種ブランド化推進事業」は、県オリジナル品種を本都道府県独自の「ブランド」として前面に打ち出したプロモーションを展開し、知名度向上と販売力の強化を図ることを謳っており、消費者を対象としたブランド化といった方向性をもっている。本事業の成果として、イチゴについては、地元の温泉とのタイアップや消費者が生産現場を訪れる「ミニ旅」が行われた（図2-6）。

こうした福島県オリジナル品種の作付面積の推移を図2-7に示す。福島県のイチゴの作付けにおいては、県全体で140ha弱の面積を維持しており、そのうち70ha程度が系統主体の出荷を行っている。主な品種は「とちおとめ」である。「ふくあや香」については、半促成の作型を採用する経営が減少していることから、最大でも3haと作付面積は低い水準であるが、「ふくはる香」につ

図2-6　「ミニ旅」の様子

注：2010年2月1日付いわき民報「『ふくはる香』を知るミニ旅、170人参加して魅力を体感」から、いわき民報社の許諾を得て掲載。

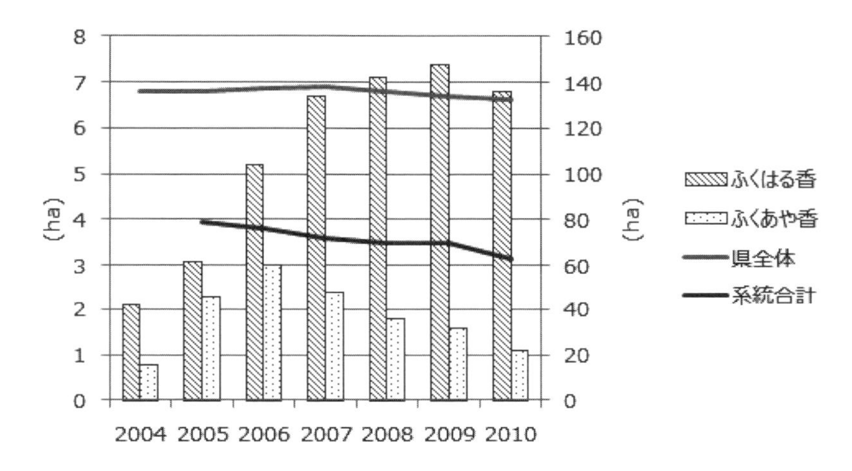

図 2-7　福島県育成品種の作付面積の推移（ha）

注：「ふくはる香」「ふくあや香」については系統向けの作付面積であり、「県全体」については農林水産省「野菜生産出荷統計」に基づく。

いては、近年は7ha前後で推移しており、これは主に系統向けに出荷されるものの１割程度を占める水準である。

4. 福島県オリジナル品種の官能評価

福島県オリジナル品種である「ふくはる香」「ふくあや香」について、2006年に既存品種である「とちおとめ」と比較した官能評価を実施した。方法は、県内のイチゴ生産者、団体関係者、県・市町村関係者による実食を行い、質問紙を用いてAHP（階層分析法）を用いて分析するオープンテストである。AHPの判断基準は、「食味」「外観」「大果性」「輸送性」「香り」の５項目、うち「食味」については「甘み」と「酸味」に分岐するものとする。代替案は、「ふくはる香」「ふくあや香」「とちおとめ」の３品種とする。判断基準のうち「輸送性」については、育種目標を踏まえ、「輸送性（果皮と果肉の硬さ）」という文言で表現した。なお、被験者がイチゴの品質評価について一定の知識をもっていることを条件とし、さらに、実食を伴うため集合テストの形式をとる必要があるといった制約から、福島県内のみでの実施となった。

官能評価の結果は以下のとおりである。

回答については、回答のあった63人のうち、有効な回答は49人であり、そのうち、回答に矛盾のないサンプルは全体の5割強程度の28人であった。その内訳は、生産者6名、団体3名、県・市町村関係者15名、不明4名である。回答の矛盾については、整合度を指標として評価し、整合度が0.15を超える場合は回答が矛盾しているとして分析から除外した。

AHPを用いて産出した品種ごとの総合評価値が図2-8である。「甘み」と「酸味」を合わせた「食味」と「外観」について、「ふくはる香」「ふくあや香」が「とちおとめ」を上回っている。また、「ふくあや香」の「大果性」については他の2品種を上回っているが、実食のサンプルの規格がこの品種のみ大きいものであったために、この解釈には注意が必要である。加えて、福島県オリジナル品種が「とちおとめ」を下回っている点としては、「輸送性」があげられる。

もっとも高い総合評価値を得た品種は「ふくはる香」であるが、この評価に寄与したのは、多い順に「食味」「輸送性」「香り」であった。この品種ごとの総合評

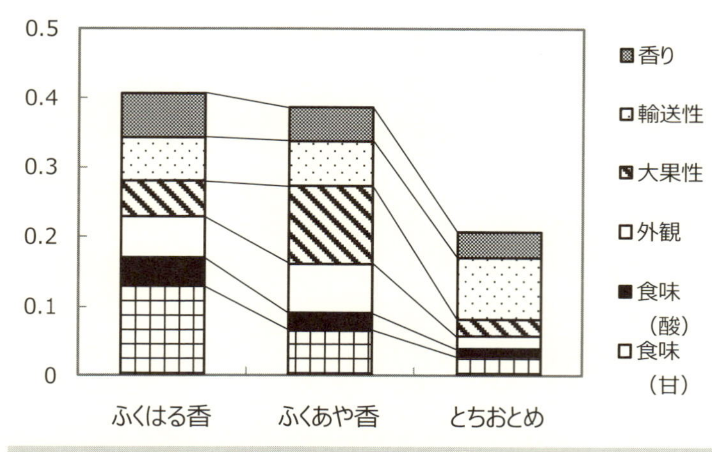

図2-8　各品種の総合評価値

価値について、差の検定を行った。調査対象者ごとのウェイトを分析するため、Friedman 検定を行い、有意水準 1% で差を認めたため、ポストホックテストとして Scheffé の方法により多重比較を行った。結果を表 2-4 に示す。「ふくはる香」と「とちおとめ」、「ふくあや香」と「とちおとめ」の順位の間には、有意水準 1% で差があるが、「ふくはる香」と「ふくあや香」の間には差がない。したがって、今回調査した 3 品種を比較した場合、福島県オリジナル品種 2 品種は、「とちおとめ」を総合評価値で上回ることが明らかとなった。この結果については、整合度による回答者の選別を行わず、有効な回答のあったサンプルすべてを用いた場合においても同様であった。

つづいて、総合評価を構成する判断基準についてのみ図 2-9 に表示した。やはり「食味」についてもっとも重視されており、つづいて「大果性」と「輸送性」の順となっている。判断基準についても、総合評価値と同様に Friedman 検定を行い、有意水準 1% で差を認めたため、総合評価値と同様に多重比較を行ったところ、「食味」と「概観」、「食味」と「香り」の間にのみ有意水準 5% で差があった(表 2-5)。

今回の実食による官能評価は、福島県オリジナル品種の生産振興大会のなかで行ったものであり、ブラインドテストではなくオープンテストを行っている

表 2-4　総合評価値の検定結果

品種名	ふくはる香	ふくあや香	とちおとめ
中央値	0.39	0.38	0.18
	Friedman 検定		
χ^2 値	自由度		P 値
21.5	2		<0.001
	Scheffé の多重比較		
	ふくはる香	ふくあや香	とちおとめ
ふくはる香	—		
ふくあや香	0.071	—	
とちおとめ	15.018*	17.160*	—

注：多重比較は χ^2 値を示し、5% 水準で有意であるものに * を付した。

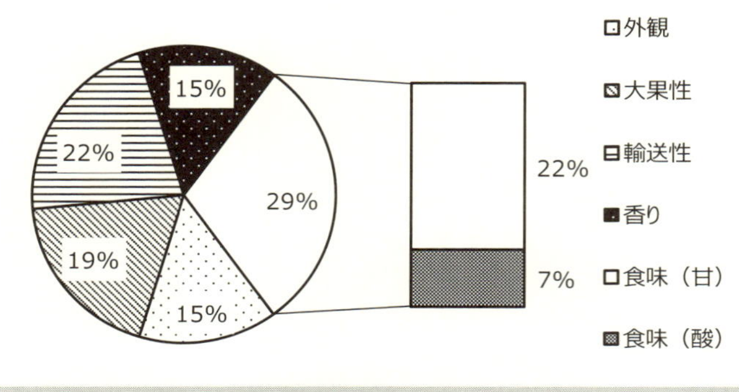

図 2-9　AHP における判断基準

表 2-5　AHP における判断基準の検定結果

判断基準	食味	外観	大果性	輸送性	香り
中央値	0.29	0.16	0.13	0.18	0.10
Friedman 検定					
χ^2 値		自由度		P 値	
17.936		4		0.001	
Scheffé の多重比較					
	食味	外観	大果性	輸送性	香り
食味	―				
外観	10.029*	―			
大果性	6.593	0.359	―		
輸送性	4.764	0.359	0.148	―	
香り	16.529*	0.808	2.244	3.546	―

注：多重比較は χ^2 値を示し、5% 水準で有意であるものに * を付した。

ことから、品種の評価については若干のバイアスが考えられる。しかし、故意にオリジナル品種の評価を高めようとしても、矛盾のない回答を行うことについては専門的な知識を必要とするために、矛盾のないサンプルのみを集計したこの結果については、一応の確度があるものと推定される。したがって、福島県オリジナル品種、とくに「ふくはる香」の評価が、福島県内の市場においてもっとも多く出回る既存品種である「とちおとめ」を上回るものであることは、生産振興において大きな武器となり得ることを示唆している。しかし、「ふくはる香」の評価については、「食味」を除けば、「外観」「香り」という「食味」に比べて重視されていない判断基準の評価が高いことに注意する必要がある。その点、「とちおとめ」は大規模ロット販売に不可欠な要素である「輸送性」において、福島県オリジナル品種2品種を上回っており、流通のニーズにマッチしていると考えられる。

こうした結果を受け、ポスト「ふくはる香」「ふくあや香」の育成の方向性として、何よりも追求されるべき「食味」に加えて、今後は、輸出も含めた幅広い流通チャネルに対応するため、果皮の硬さで表される「輸送性」についても重要視することが有効であることが示唆される。

5. 福島県オリジナル品種「ふくはる香」の経営面での特徴

前項までは福島県オリジナル品種の果実品質を中心とした特徴について述べてきた。本項では、福島県オリジナル品種の経営における特徴について、実証圃において得られたデータを通じて明らかにする。なお、用いたデータは、福島県県南農林事務所による「平成21年度園芸特産産地育成プロジェクト支援事業」により得られたものである[2)]。

実証圃の設けられたA農協管内は、水稲との複合経営によるイチゴやトマトといった施設園芸の導入が進んでおり、なかでもイチゴは、規模拡大を図る生産者や新規栽培者が増えており、施設園芸品目において栽培面積が拡大している唯一の施設園芸品目である。

実証圃の概要は以下のとおりである。品種は「ふくはる香」「とちおとめ」であり、作型は9月10日に定植、12月中旬に収穫開始の促成栽培である。品種の特性を考慮し、「とちおとめ」のみ電照を設置した。いずれの品種も暖房機の設定温度は7℃とし、病害虫防除は2品種に対して同様に行った。

収量について、品種ごとの旬別の収量を示したものが図2-10である。12月から2月までは、「とちおとめ」が「ふくはる香」を上回り、3月以降は「ふくはる香」が「とちおとめ」と同等の終了であった。また、この旬別の収量について、規格別の構成比[3)]を「ふくはる香」と「とちおとめ」の間で比較すると、「とちおとめ」における3L・2L・Lの比率は50%程度であり、重量は大きいが品

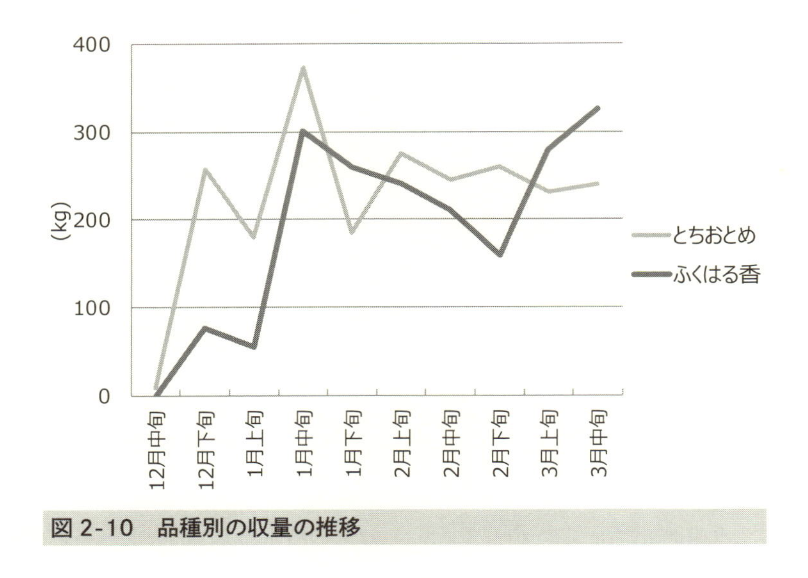

図 2-10　品種別の収量の推移

質と形状の劣る A が一定の割合で発生しているのに対して、「ふくはる香」は、とくに出荷の初期においては出荷された果実のほとんどが 3L・2L・L と優れ、期間を通じて 3L・2L・L の比率が 60% を超えている（図 2-11、12）。調査期間全体の収量に占める規格別構成比においても、3L・2L・L の割合が多い

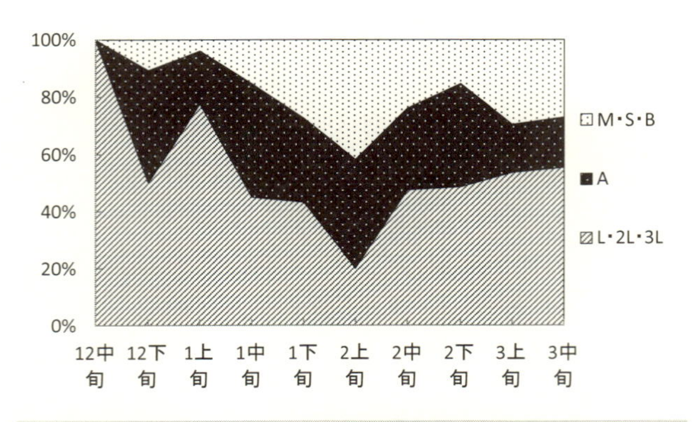

図 2-11　「とちおとめ」の規格別収量の推移

(図2-13)。これらのデータは、「ふくはる香」の遺伝的な特長である果形の良さと、果実の重量における高い斉一性を示している。

販売金額については、規格ごとの販売単価と収量を考慮する必要がある。JA出荷の規格ごとの販売単価のうち、もっとも高い価格となる3L・2L・Lから調製されるDXにおける価格の推移を「ふくはる香」と「とちおとめ」につ

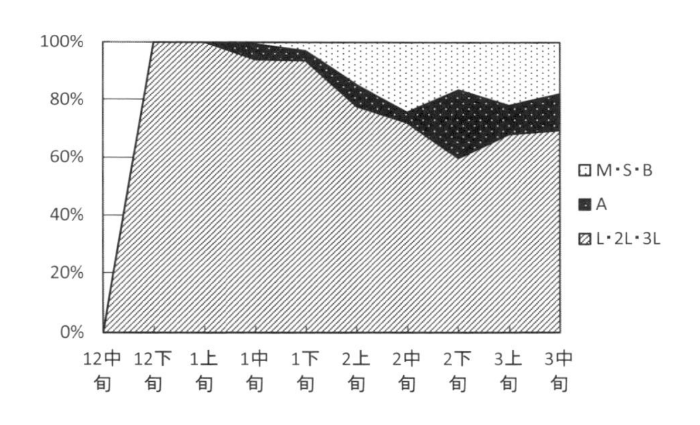

図2-12　「ふくはる香」の規格別収量の推移

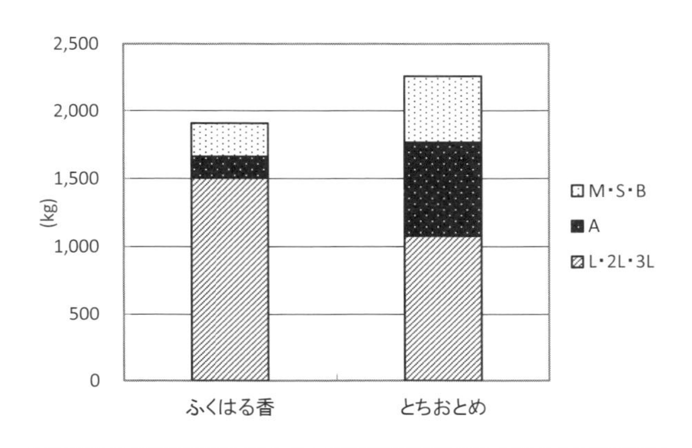

図2-13　収穫期間を通じた規格別収量

いて示した(図 2-14)。「ふくはる香」については、「とちおとめ」に対して一定の価格差がついており、この傾向は他の規格でも同様である。こうした販売単価と収量から、販売金額を旬別に示したものが図 2-15 である。12 月から 1 月上旬にかけて、早い時期から収穫可能な「とちおとめ」が高い販売金額を示している。その後、「ふくはる香」の出荷が伸びる 1 月中旬から旬別の販売金額

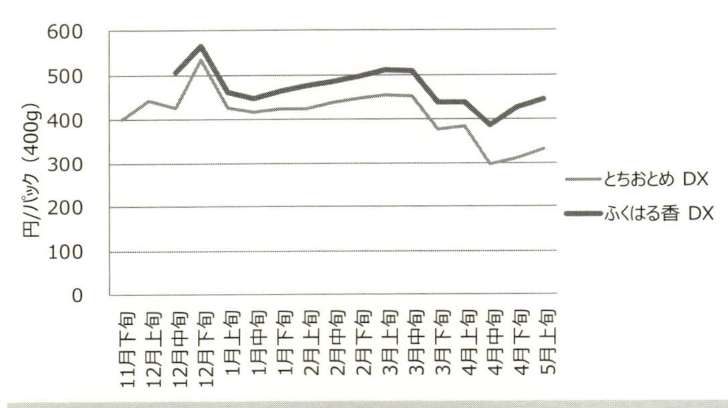

図 2-14　DX 規格における販売価格の推移

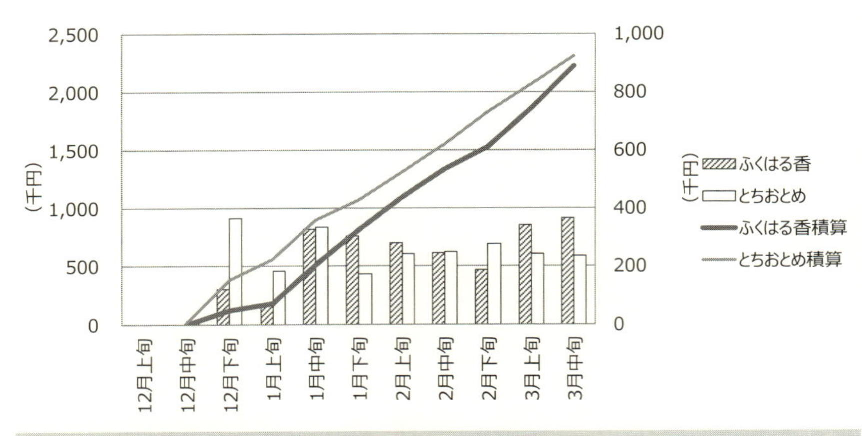

図 2-15　旬別と積算の販売価格

が追いつき、3月においては「ふくはる香」のほうが販売金額で「とちおとめ」を上回る。積算の販売金額についてみると、収穫初期には「とちおとめ」が「ふくはる香」を大きく上回っているが、その差は縮まっていき、3月中旬にはほぼ同等となるため、販売金額については、2品種の間に差がないことがわかる。

生産にかかる費用面については、「ふくはる香」がもつ低温伸長性に優れる特長から、電照と加温が不要である点がある。実証補において電照の有無による費用の差について試算した結果、年間10a当たりおよそ26,000円の費用が「とちおとめ」については必要であることが明らかになった（表2-6）。また、加温についても、実証圃については2品種とも7℃の温度管理としているが、「とちおとめ」においては、草勢維持のためより高い温度管理をすることが望ましく、夜温が5～8℃の温度管理でよい「ふくはる香」に比べて加温による費用が発生する。実証圃において暖房機の設定温度を1℃上げるとした場合、11～2月における追加的な燃料消費量は882Lとなり、A重油単価を1L当たり65円とすると10a当たり57,000円の費用が発生する（表2-7）。

こうしたことから、実証を通じて明らかになった「ふくはる香」の栽培上のメリットについては、以下のようにまとめられる。「ふくはる香」は、収量の点で「とちおとめ」に劣るものの、市場における「とちおとめ」との価格差によって、出荷時期を通じた販売金額は同等となっている。また、電照が不要であることと、夜温を低く管理できることから無加温での栽培も可能性があり、簡易なパイプハウスの利用による施設面での低コスト化を図ることができる。また、品

表2-6　電照の設置にかかる費用

使用器具	規格	単価（円）	使用量	金額	耐用年数	年間経費（/10a）
白熱灯	60W	225	50個	11,250	2	5,625
ソケット		80	50個	4,000	2	2,000
タイマー	24h	4500	2台	9,000	5	1,800
電線		250	200m	5,000	5	10,000
電気使用量		11.7	600kWh	7,020		7,020
合計						26,445

注：電気使用量は11.7円/kWh、電照時間は12月～3月10日までの約100日である。

表 2-7　7℃から 8℃へ設定温度を変えた場合の追加燃焼時間

温度条件	8℃設定での燃焼時間	測定回数	時間
(a) 1 時間の平均気温 7℃台	15min/h	279	70
(b) 1 時間に 5℃以上かつ 6℃代以下への温度低下	30min/h	40	10
(c) (b) 以外のパターンによる温度低下	15min/h	44	11
			91

注：電気使用量は 11.7 円 /kWh、電照時間は 12 月～ 3 月 10 日までの約 100 日である。

種の特性として果実が大きいサイズに揃うため、収穫・調製に係る費用の低減も期待できる。

注

1） 人口と世帯数は 2005 年度『国勢調査』、消費量は 2005 年度『家計調査』の福島市のデータによる。
2） 本項のデータは福島県県南農林事務所の調査によるものである。
3） イチゴの出荷規格については、同一品種で形状が良好なものを 3L ～ S、この区分に次ぐものを A ～ B とする品質区分がある。3L、2L、L、M、S の計量区分については、粒数と 1 粒の重量を選別基準としており、さらに大きいものを DX としている。また、品質、形状が劣るものであっても、1 粒の重量が 2L 相当以上の大きいものを A、品質、形状が劣るもので 1 粒の重量が L ～ S 相当のものと S よりも 1 粒の重量が小さい正常果を B として出荷できるとしている（資料は福島県農林水産部『平成 19 年度福島県青果物標準出荷規格』）。

引用文献

[1] 森下昌三（2011）「日本におけるイチゴの品種変遷と今後の育種」『農耕と園芸』第 66 巻第 2 号、pp.22-29.
[2] 林秀司（1999）「日本におけるイチゴ品種の普及：女峰ととよのかを事例として」『比較社会文化』第 5 号、pp.139-149.
[3] 栃木県農業者懇談会（2003）「試験場のプロジェクト X　イチゴ王国、日本一を奪回せよ！（上）」『くらしと農業』第 27 巻第 7 号、pp.20-21.
[4] 栃木県農業者懇談会（2003）「試験場のプロジェクト X　イチゴ王国、日本一を奪回せよ！（下）」『くらしと農業』第 27 巻第 8 号、pp.18-19.
[5] 三井寿一・末信真二（2010）「イチゴ「あまおう」の開発・普及と知的財産の保護」『特技懇』

第256号、pp.49-53.
[6] 織田弥三郎 (2009)「栽培イチゴ (1)」『日本食品保蔵科学会誌』第35巻第2号、pp.95-102.
[7] 斎藤修 (2008)「地域ブランドをめぐる地財戦略と地域研究機関の役割」『地域ブランドの戦略と管理：日本と韓国／米から水産品まで』農山漁村文化協会 .
[8] 波積真理 (2002)『一次産品におけるブランド理論の本質：成立条件の理論的検討と実証的考察』白桃書房 .
[9] Aaker, David A. (1991) Managing Brand Equity; Capitalizing on the Value of a Brand Name, Free Press. (デービッド・A・アーカー著、陶山計介・中田善啓・尾崎久仁博・小林哲訳『ブランド・エクイティ戦略：競争優位を作り出す名前、シンボル、スローガン』、ダイヤモンド社、1994)
[10] 青木幸弘 (2011)「ブランド研究における近年の展開：価値と関係性の問題を中心に」『商学論究』第58巻第4号、pp.43-68.
[11] 和田充夫(2002)『ブランド価値共創』同文館出版 .
[12] 井内 龍二・伊藤 武泰・谷口 直也(2008)「特許法と種苗法の比較」『パテント』第61巻第9号、pp.49-68.
[13] 徳田輝光 (2005)「都道府県が育成した植物新品種の許諾方針に関する研究」政策研究大学院大学修士論文 (URL) http://www3.grips.ac.jp/~ip/pdf/paper2004/MJI04056tokuda.pdf .
[14] 福島県農林水産部 (2006)『ふくはる香　栽培の手引き』
[15] 福島県農林水産部 (2006)『ふくあや香　栽培の手引き』

第３章

消費者選好における「産地」「品種」情報の有効性

第１節　目的と課題

農産物は幅広い品目において産地化が進み、産地間競争が活発に行われているため、各産地は他の産地に対する優位性を確保することを目的とした種々の対策を講じている。また、近年、全国的に地産地消の取り組みが進んでいることを受け、消費者の間には地元で採れた農産物であることを積極的に評価する動きもみられており、産地戦略において、遠隔の消費地だけでなく、農産物直売所のような新しい販売チャネルも含めた産地内部の消費者へ向けたアプローチも活発である。

農産物のなかでも、イチゴは販売時点で品種が表示されるため、消費者は品種の情報を購買意思決定の手がかりとすることができる。また、イチゴは都道府県が新しい品種の育成主体となり、新品種を活用したブランド化が図られている例が多い。しかし、消費者がイチゴの購買において、品種についてどのような意識をもち、購買意思決定につなげているかは不明である。さらに、イチゴの産地は全国に分布しており、栃木県や福岡県のような大産地を筆頭に、消費者はさまざまな産地のイチゴに接しているため、消費者の産地に対する意識については、地元産であることを含めて購買意思決定においてどのように寄与しているのかもまた不明な点が多い。イチゴという商品の属性を構成する要素としては、食味や粒の大きさといった果実品質と価格が主なものであり、産地や品種の情報はそれを補完するものであると考えられるが、これらの要素がどの程度評価されるのかについては、先行研究においても取り上げられることがほとんどなく知見に乏しいため、本章においては消費者の調査を通じてこの点を明らかにし、産地や品種の情報が産地マーケティングにおいて果たす役割を検討する。

消費者の調査にあっては、福島県郡山市を対象として、消費者の求めるイチゴの属性を定量的に把握する。とくに、産地と品種の情報が消費者にどのように捉えられているかを明らかにすることによって、品種においては福島県において新たに育成された品種に対するニーズ、産地においては福島県産が地元産であることに対するニーズの有無と、そうしたニーズをもつ消費者層をターゲットとして明確化することによって、育成品種を活用した産地マーケティング戦略の方向性を検討する。

本章の目的は、生産拡大を目指す福島県産イチゴを対象として、産地および品種の情報を活用した産地マーケティングに対する含意を得ることである。消費者に購入されたイチゴの多くは、加工や味付けをせずにそのまま食べられると考えられ、イチゴがもともともっている食味や果実の大きさが重視されていると推察される。イチゴは販売時点で産地や品種名が一般に表示されており、消費者は産地や品種の情報に基づいた購買意思決定を行うことができる。一般に、産地主体においては、独自に育成した品種の特徴や、産地が消費者にとって地元であることを販売戦略に生かすことが望まれているが、福島県においても新たに育成した品種の生産を拡大し、また、福島県産の市場シェアを高めるべく、地元消費者に対してどのような県育成品種の産地マーケティングを行うことが有効であるのか模索している。

福島県内では、福島県産だけでなく他県産のイチゴが数多く流通しており、また、品種についても、栃木県が育成した「とちおとめ」が多く作付けされている。そうした環境の下、福島県はオリジナル品種である「ふくはる香」および「ふくあや香」を育成し、生産拡大を図っている。これは、地元育成品種であることをマーケティングにおいて活用することで、他県産イチゴや他県育成品種を購入している地元消費者を取り込もうという戦略が背景のひとつとなっている。福島県のイチゴの生産量は必ずしも多くないため、イチゴの生産拡大にあたっては、地元である福島県内の消費者による購買量の影響が大きいと考えられるため、本章では、福島県内の消費者に対して、地元産であることおよび地元育成品種であることに対する評価を得ることを目的とする。

そうした目的を踏まえ、本章の課題を以下のように整理する。

第１に、イチゴの購買について普段購入している産地や購入している価格、購入先といった項目について概要を把握する。

第２に、消費者が普段購入している産地と、消費者が認識している地元産農産物の地理的な範囲の関係をクロス集計によって明らかにする。

第３に、普段購入しているイチゴの価格の決定要因について、購入先や購入頻度、購入している産地といったイチゴの購買に係る要因と、回答者の年齢や収入、家族人数のようなフェイス項目の影響について数量化法を用いて解析する。

第４に、普段購入しているイチゴの産地について、多項ロジット分析を用いて、価格や購入頻度、購入場所がどのように影響するのか解析する。

第５に、模擬的な選択行動を通じて消費者選好を明らかにする選択実験を行う。回答者に提示される選択肢は、価格、粒の大きさ、産地、食味、品種から構成し、産地や品種の情報が選択行動にどのように位置づけられるか明らかにする。

第６に、消費者が購入時点において現状で重視されている項目と、実現していないことも含めて知りたいと感じる項目について分析を行う。

第２節　データと方法

1. データ

(1) 予備調査の概要

用いるデータは消費者を対象としたものである。本調査に先だち、本章の課題である産地および品種に関して、定性的な評価を得るため、予備調査として福島県内の卸売業者、小売業者に対しては聞き取り調査、消費者についてはグループインタビューを実施した(表 3-1)。この定性調査の結果を調査票に反映

表 3-1　グループインタビューの概要

項目	内容
目的	消費者の求めるイチゴの属性と購買行動の把握
日時	2006 年 5 月 26 日
場所	福島県農業総合センター(福島県郡山市)
フォーカスグループ	郡山市在住の子供のいる既婚女性 6 名 (年齢 33 ～ 53 歳)

させ、定量的な本調査を行った。

(2) 本調査の概要

具体的な調査地域として、福島県郡山市を対象とする。郡山市は、地理的には福島県の中央部に位置している人口 30 万人を超える中核市であるが、都市化が進んでいると同時に稲作を中心とした農業が盛んであるため、イチゴの生産現場と消費者の距離が比較的短いと考えられる。したがって、産地について地元産であることの評価が得られることと、農産物直売所や農家の庭先で行われる直接販売といった市場外流通を介した購買チャネルの評価を得られると判断して調査地域とした。

本調査は郵送調査である。調査地域は福島県郡山市であるが、2006 年 12 月に福島県郡山市の全世帯を母集団として郵送による調査を行い、465 件を回収した。回答者は世帯内で普段買物をしている方とした。調査の概要を表 3-2

表 3-2　郵送調査の概要

項目	内容
調査対象	福島県郡山市の全世帯
標本数	1,000 件
抽出方法	2006 年 NTT 電話帳からの無作為抽出
調査期間	2006 年 12 月 1 日～ 12 月 22 日
調査方法	郵送調査法
回答者	普段買い物をしている方
回収数	465 件(未着 18 件につき回収率は 47%)

に示す。調査の実施に当たっては、マンジョーニ [1] を参考とし、確認はがきや謝礼物品の同封、督促を行い、郵送調査としては高い回収率を得た。このことにより、返送されない標本による無応答誤差は小さいと考えられる。

調査票の質問には、イチゴの購買に関するものと食生活一般に関するもの、フェイス項目の３つがある。イチゴの購買については、冬から春にかけて出回り期が長期間であることを受けて、「もっともよくお買い求めになる」というワーディングを用いて、購買行動における「購入する場所」「産地」「価格」「頻度」に関するデータを得ることをねらいとした。回答方法については、価格については記述式であり、他の質問は多肢選択式である。

2．方法

予備調査から構成した調査票によって本調査を実施し、分析を行う。

産地や品種の情報については、鮮度や価格といった属性に比べて購買行動に対する影響が小さいことが予想されるため、これまで比較的重視されてこなかった。本章では、産地や品種の情報に対してオーソドクスな計量分析手法によってアプローチし、購買行動における産地や品種の情報の重要性を明らかにし、同時に、無作為に抽出した標本を用いることによって、マーケティング課題としての消費者ターゲットに関する知見も得ることとする。

方法としては、記述統計に加えて、購入している産地と地元産の範囲に関するクロス集計、購入している価格と回答者のフェイス項目については数量化Ⅰ類、購入している産地とフェイス項目については多項ロジット分析、消費者の選択行動における産地と品種の情報の相対的な重みづけについては選択実験、購入時点で「重視すること」と「知りたいこと」については因子分析と構造方程式モデリングである。

第３節　結果

1．予備調査

福島県内の卸売業者、小売業者に対して行った聞き取り調査および消費者に対して行ったグループインタビューの結果を表 3-3 に示す。

卸売業者と小売業者からは、品種が消費者に意識されておらず、もっとも多く出回る「とちおとめ」も知られていないかもしれないこと、また、「イチゴはイチゴ（でしかない）」と評価されているという認識が示されている。イチゴは販売単価も高く、冬季の売上において大きなウェイトを占める品目であり、見た目と味という基本的な価値を満たそうとする意図がこうした認識として表れていると考えられる。小売業者については、産地に関して地元産が選ばれているという意見や、品種による差は小さいので地元産であることを販売に活用しようという意見も得られた。多様な品種を販売していると考えられる小売業者が、品種による果実品質の差異が少ないために、郷土愛という価値に訴えようとしていることは注目される。

消費者においては、品種について、購買時点で示されていないという不満や、モモでしているようにイチゴでも品種を選択する手がかりとしたいという意見が得られている。また、産地については地元産を選んでいるという意見が得ら

表 3-3　聞き取り調査から得られた知見

対象	注目される意見の例
卸売業者	「とちおとめさえ知られてないかもしれない。イチゴはイチゴ」 「見た目と味がよければよい」 「お金を払う人はどういうふうに作ったかは関係ない」 「イチゴは競合する品目に左右されない」
小売業者	「味は変わらないが消費者には地元のものが選ばれている」 「客の反応としてはイチゴはイチゴ。品種までは意識されていない」 「新しい品種は客も最初は不安。おいしければ続けて買う」 「品種による差は小さい。地元産であることで、郷土愛に訴える」
消費者	「地元のものを選んで買っている」 「産地は書いてあるが、品種は書いていないのが不満」 「モモは品種で選んでいるが、イチゴでもそうしたい」 「直売所に生産者が来ていて食べ比べして買った。知らない品種だったけどおいしかった」

注：卸売業者は２者、小売業者は４者、消費者はグループインタビューによる県内での調査の結果を筆者がまとめた。

れた。

予備調査の結果、卸売業者と小売業者が消費者は品種を意識していないと感じているのに対して、消費者は品種に関する情報を求めているという認識のギャップが存在していること、地元産に対する消費者のニーズについては、小売業者と消費者の双方からその存在が示唆された。

消費者に対するグループインタビューから得られたイチゴの属性に関するその他の要望や不満を整理し、得られた知見は表 3-4 のとおりである。一般的なイチゴの商品属性としては、食味については望まれる食味が一様ではないこと、価格については時期と密接に関係しており、消費者にはっきりとした基準があること、香りについては重視する消費者としない消費者に分かれる、といったことがあげられる。産地および品種については、品種を選択の手がかりとしたいという意向や、地元産のものを選択するという行動が示されている。したがって、イチゴの属性のなかでも、産地および品種といった本章において課題となる要素に対する消費者の定性的なニーズが現れており、これらの属性が販売戦略に活用できる可能性が示唆されている。

グループインタビューを定量的に分析するため、会話をテキスト化し、形態

表 3-4　グループインタビューから得られた知見

属性	知見
食味	とにかく甘いものを好む、甘いばかりではなく酸味も欲しい、のように用途や食べる主体によって望まれる属性が一様ではない
価格	パックあたりの値段が時期と密接に関わることを理解しており、購入する値段にはっきりとした基準をもっている
香り	重視していない、甘い香りがすると買う、に分かれる
産地	情報が表示されていることを認識しており、地元産を選ぶ傾向も見られる
品種	知識は多くないが、表示されていないという不満があり、品種によって選びたいという意向がある

注：筆者がまとめたものである。

素解析を行った結果、頻出した10語を表3-5に示す。特徴的な語として、出現数が29で4番目に多い「子供」がある。購買意思決定に関してより一般的な語と考えらえる「甘い」「安い」「好き」よりも上位に位置しているため、イチゴの購買行動には子供の存在が強く結びついていることがうかがえる。

なお、この消費者を対象としたグループインタビューのなかで、福島県オリジナル品種である「ふくはる香」と「ふくあや香」についての言及はなかった。

表3-5　グループインタビューにおける頻出語

順位	抽出語	頻度	順位	抽出語	頻度
1	食べる	76	6	甘い	20
2	イチゴ	66	7	安い	18
3	買う	48	7	好き	18
4	子供	29	9	月	17
5	思う	28	10	大きい	16

注：出現数の頻度順に上位10語を示した。

予備調査を通じて、品種に対する関心は示唆されているが、消費者の多くは品種名を意識していないことが多いとまとめることができる。また、福島県オリジナル品種の具体的な名称に言及されることはなかった。したがって、本章では以後、具体的な品種名を用いず、品種の情報が表示されることの有無をもって品種の評価として分析を行うこととする。産地については、地元のものを選ぶという意見が小売業者への聞き取り調査と消費者へのグループインタビューのいずれからも得られており、地元産であることが販売上重要な要素となり得ることを示している。また、グループインタビューの結果から、イチゴの購買には子供の存在との強い結びつきがあることが示唆されており、消費者の個人属性においては、子供の存在を重視するべきである。

2. 郵送調査

(1) 記述統計

イチゴの購買行動における「購入場所」「購入している産地」「購入頻度」「地元

産の範囲」に関する調査結果は表 3-6 のとおりである。「購入場所」については、「スーパー」「青果店」「直売所」「生協」「きまっていない」という選択肢を示した結果、「スーパー」が 67% と突出して多く、「青果店」が 14%、「きまっていない」が 11% と続いている。「購入している産地」については、「地元産」「県内産」「県外産」「こだわらない」「わからない」という選択肢を示し、「地元産」が 35%、「こだわらない」が 32% と同程度に多く、その他は 8 ～ 13% という水準である。「購入頻度」は「週 1 回」「月 2 ～ 3 回」「月 1 回」が 24 ～ 33% と同程度であり、比較的ばらつきがあると考えられる。「地元産の範囲」については、グループインタビューにおいて、消費者によって「地元」という言葉の定義がまちまちであることが示唆されたため、産地が居住地からどこまでが「地元産」と呼べるか、という設問である。なお、選択肢には「郡山市内」「須賀川市」「中通り」「福島県」を用いている。ここで、須賀川市は調査を実施した郡山市に隣接している自治体であり、また、福島県は、一般に阿武隈山地と奥羽山脈によって東西 3 つに分けられ、東から浜通り、中通り、会津と呼称されており、調査地域である郡山市はこの中通りの中央に位置している。したがって、表に示した地元産の範囲は、「郡山市内」「須賀川市」「中通り」「福島県」と、順に広くなっている[1)]。「地元産の範囲」は、もっとも多いのが「福島県」の 42%、続いて「郡山市内」が 24%、「中通り」が 21% と続いており、半数近くが県域をもって地元産と判断しているが、より狭い範囲を地元と捉える消費者層も一定程度存在している。

表 3-6　イチゴの購入に関する調査結果

購入場所		購入している産地		購入頻度		地元産の範囲	
スーパー	313 (67)	地元産	162 (35)	毎日	1 (0)	郡山市内	111 (24)
青果店	64 (14)	県内産	47 (10)	週 2 ～ 3 回	59 (13)	須賀川市	47 (10)
直売所	21 (5)	県外産	61 (13)	週 1 回	132 (28)	中通り	95 (21)
生協	6 (1)	どこでもよい	149 (32)	月 2 ～ 3 回	155 (33)	福島県	195 (42)
きまっていない	53 (11)	わからない	36 (8)	月 1 回	110 (24)	その他	7 (2)

注：カッコ内は割合 % を示す。

(2) 購入している産地と地元産の範囲

イチゴの産地については、予備調査として実施したグループインタビューにおいて、「地元のものを選ぶ」「産地については表示がされている認識がある」という意見が表明されている。このイチゴの産地に関する選択行動においては、「地元産」を選ぶという消費者層と「こだわらない」という消費者層がもっとも多い。こうした消費者の選択の差異が何に起因するのかを分析するため、回答者の考える「地元産の範囲」と、「購入している産地」の間でクロス集計を行った。結果は表 3-7 のとおりである。地元産の範囲について「郡山市内」、かつ、購入している産地が「県内産」という回答者が期待値より多く、地元産の範囲について「福島県」、かつ、購入している産地が「どこでもよい」という回答者が期待値より多いという結果である。このことは、より狭い範囲を地元として捉える、言い換えれば、地元に愛着の強い回答者が県内産を選択しており、より広い範

表 3-7　地元産の範囲と購入している産地によるクロス集計

		購入している産地					
		地元産	県内産	県外産	どこでもよい	わからない	全体
地元産の範囲	郡山市内	35	19**	16	33	7	110
		(39.3)	(11.5)	(14.7)	(36.1)	(8.5)	
	須賀川市	21	4	4	14	3	46
		(16.4)	(4.8)	(6.1)	(15.1)	(3.5)	
	中通り	44*	10	11	25	5	95
		(34.0)	(9.9)	(12.7)	(31.2)	(7.3)	
	福島県	58*	13*	28	73*	19	191
		(68.3)	(19.9)	(25.5)	(62.7)	(14.7)	
	全体	158	46	59	145	34	442

独立性の検定

χ^2	自由度	P 値
20.674	12	0.055

注：1) 地元産の範囲について、選択肢のうち、「白河市」を「中通り」に加え、「その他」を省いた。
2) カッコ内は期待値を表す。
3) Haberman の方法により、** は有意水準 1% で、* は有意水準 5% で期待値と有意差があることを表す。

囲を地元として捉える、地元への愛着の薄い回答者は購入する産地にこだわらないという傾向を示している。

さらに、表3-6から、購入している産地について、地元産を選ぶと回答している158の回答者のなかで、地元産の範囲について、「福島県」と答えている回答者は58であるため、実際は県域より狭い範囲の「地元産」(158－58＝100)と「県内産」の購買(46＋58＝104)は同程度と推察される。したがって、購入している産地「地元産」「県内産」「県外産」「こだわらない」「わからない」という5つの選択肢については、「(県域より狭い範囲での)地元産」23%、「県内産」24%、「県外産」13%、「どこでもよい」33%という購買実態がうかがえる。

(3) イチゴの購入価格とフェイス項目

イチゴの購入価格とフェイス項目の関係について述べる。販売戦略を構築するにあたって、価格の設定は重要な要素であるため、現在、消費者がイチゴに対してどのような購買行動を示しているのか、価格の点から分析する。

イチゴの購入価格については、「もっともよくお買い求めになるイチゴの価格は、1パック当たりおいくらですか？ 数字(税込)をご記入ください」というワーディングによって、1パックあたりの購入価格を記述式の回答方式によって質問した。購入価格は、最小値の198円から最大値の700円に分布しており、平均値が431円、中央値が400円、最頻値が500円であった。この購入価格の分布をヒストグラムに示したものが図3-1である。400円と500円のあたりにそれぞれ30%以上の回答が集中していることから、イチゴの購入価格は特定の価格に集中し、変動幅が小さく、消費者は特定の価格で購入しているということができる。

購入価格について、購入する場所別に示したものが図3-2である。もっとも多い購入場所であり、消費者にとって一般的であると考えられる「スーパー」における購入価格は、中央値が400円であり、最小値が300円、最大値が600円である。その他の購入場所において「スーパー」と異なる点として、「青果店」「生協」において中央値が高く、「直売所」では最大値が他の購入先に比べて小さいという傾向がみられる。また、購入する場所が「決まっていない」場合におい

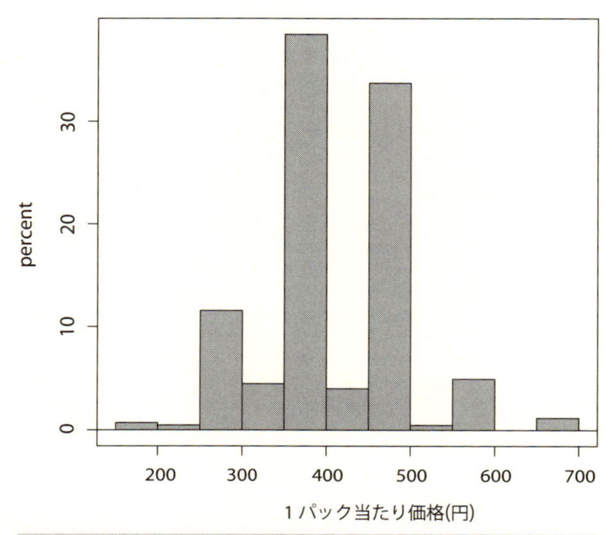

図 3-1　購入している価格

注： 1 パック当たりの価格である。

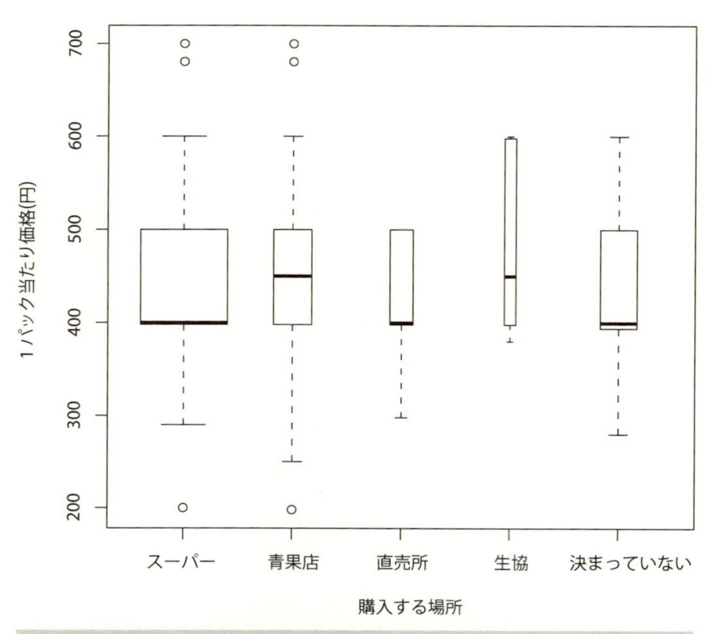

図 3-2　購入する場所別の購入価格

ては「スーパー」と同様の傾向である。

ここで、「購入する場所」以外の購買行動の要素や回答者のフェイス項目によっても購入価格は変化し、かつ、それぞれの要素の購入価格に対する影響の大きさは異なることが予想されるため、イチゴの購入価格について、数量化I類を用いて回答者のフェイス項目や購買行動との関係を分析した。従属変数にはイチゴの購入価格を用い、独立変数にはフェイス項目である収入、家族人数、年齢、イチゴの購買行動に関しての項目から、購入頻度、購入する場所、購入する産地を用いた。結果を表3-7に示す。決定係数がやや低いが、偏相関係数の有意性からモデルは議論が可能であると判断する。

カテゴリースコアを見ると、まず、フェイス項目については、収入が多いほうがカテゴリースコアも大きく、購入価格が高い、という想定されるとおりの結果となった。家族人数は4人を上回るとカテゴリースコアが負となり、また、単身でもカテゴリースコアが負であるが、2人および3人の場合はカテゴリースコアが正である。年齢は60歳以上については正であるが、他の階層では負であり、とくに若年層についてはその値が大きい。購入頻度は、多く購入する場合にはカテゴリースコアが小さく、少ない場合には大きくなるという想定どおりの結果である。購入する場所は、「青果店」で大きく、「直売所」では小さい。また、「決まっていない」場合には小さい。購入する産地については、カテゴリースコアが最大のものは「地元産」であり、最小のものは「どこでもよい」である。

図3-1に示したように、イチゴの購入価格は比較的ばらつきが小さく、特定の価格に集中している。そうしたなかで、購入価格に影響する要因については、収入、家族人数、年齢、イチゴの購入頻度、購入する場所、購入する産地があることが明らかになった。地元産農産物を購入するのは年齢が高い消費者であることもよく知られている[2)]が、表3-8の結果から、本研究においても年齢が高い消費者が地元産のイチゴを高い価格で購入する傾向があることを示していると考えられる。また、本章が分析する「産地」であるが、「購入する産地」の偏相関係数は「年齢」と並んで大きく、「産地」への関心が購入価格に大きく影響していることを示唆している。「購入する産地」のうち、「どこでもよい」

表 3-8　数量化 I 類結果

		標準化スコア		
アイテム	カテゴリー	カテゴリースコア	偏相関係数(t 値)	P 値
収入	～ 300 万円	−20.388	0.164	0.002
	～ 500 万円	−0.015	(3.055)	
	～ 750 万円	6.168		
	～ 1,000 万円	8.392		
	1,001 万円～	43.052		
家族人数	単身	−3.832	0.155	0.004
	2 人	7.976	(2.893)	
	3 人	18.197		
	4 人	−0.737		
	5 人以上	−14.713		
年齢	～ 29 歳	−48.760	0.180	0.001
	30 ～ 39 歳	−12.258	(3.360)	
	40 ～ 49 歳	−22.843		
	50 ～ 59 歳	−3.759		
	60 歳～	14.168		
購入頻度	週 2 回以上	−16.835	0.079	0.144
	週 1 回	−0.187	(1.464)	
	月 2、3 回	2.590		
	月 1 回	4.757		
購入する場所	スーパー	1.572	0.141	0.009
	青果店	11.165	(2.609)	
	直売所	−31.011		
	決まっていない	−12.497		
購入する産地	地元産	13.928	0.180	0.001
	県内産	−1.176	(3.368)	
	県外産	10.032		
	どこでもよい	−18.754		
	わからない	−6.334		
定数項		432.455		

		分散分析表		
要因	平方和	df	平均平方	F 値
回帰	275868.8	23	11994.30	1.830
残差	2104087	321	6554.787	
全体	2379956	344		
重相関係数	0.340	決定係数	0.116	

と「わからない」についてはカテゴリースコアが負であり、「地元産」と「県外産」が正であるが、この県外産を有名産地と捉えれば、「産地」への関心やこだわりが購入価格を高めているといえよう。表 3-6 に表れているように、産地にこだわらない消費者は多いとはいえ、ターゲットを明確にすることによって、表 3-7 の結果から、「産地」による差別化の可能性が示唆されていると考えられる。

(4) 購入している産地とフェイス項目

前節では、購入価格に対する影響を分析したが、本節では購入している産地の選択行動について分析を行う。購入している産地に対して消費者のフェイス項目がどのように影響しているのか確認するため、多項ロジット分析を行った。従属変数の選択肢は購入している産地であり、「地元産」「県内産」「県外産」「こだわらない」である。独立変数については、価格、購入頻度、子供人数、青果店での購入(青果店購入ダミー)、農産物直売所での購入(直売所購入ダミー)である。「こだわらない」を基準とした推定結果を表 3-9 に示す。

選択肢別にみると、「地元産」の選択については、価格、子供人数、青果店購入ダミー、直売所購入ダミーがそれぞれ有意に選択確率を高めている。「県内産」についても、t 値は小さくなるが「地元産」と似た傾向を示し、直売所購入ダミーのみが有意でない。「県外産」については「県内産」と同様の傾向である。「わからない」については、青果店購入ダミーと直売所購入ダミーが有意とはならず、価格と購入先に関する青果店購入ダミーと直売所購入ダミーが有意ではなく、購入頻度と子供人数が有意であった。

購入している産地の選択行動についてまとめると、価格については、「わからない」という選択肢を除いて係数の符号は有意に正であり、「こだわらない」に対して産地の情報が価格差を許容できる可能性を示唆していると考えられる。また、購入先について、直売所購入ダミーが「地元産」でのみ有意であったことは、地元産イチゴの販売先として直売所が有効に機能することを示している。さらに、青果店購入ダミーが「地元産」「県内産」に加えて「県外産」でも符号が有意に正であったことは、青果店という対面型の販売チャネルにおいて産地の情報が伝達されている結果と考えることができる。本節の結果から、消費者

表 3-9　購入している産地に対する多項ロジット分析結果

	地元産	県内産	県外産	わからない
定数項	−1.902**	−3.675***	−3.731***	−5.180***
	(−2.137)	(−2.769)	(−3.519)	(−2.919)
価格	0.005***	0.004*	0.006***	0.002
	(3.248)	(1.879)	(3.513)	(0.825)
購入頻度	−0.176	−0.010	−0.045	0.525*
	(−1.260)	(−0.045)	(−0.247)	(1.887)
子供人数	0.320**	0.600***	0.488***	0.537**
	(2.141)	(3.278)	(2.878)	(2.527)
青果店購入ダミー	1.046**	1.195**	0.904*	0.440
	(2.324)	(2.003)	(1.656)	(0.522)
直売所購入ダミー	2.167***	1.556	−28.079	−27.954
	(2.816)	(1.506)	(0.000)	(0.000)
観測値数	349			
対数尤度	−459.279			

注：1) 購入している産地について、「こだわらない」に対する選択肢について示した。
2) それぞれ、*** は 1%、** は 5%、* は 10% の水準で 0 と有意な差がある。カッコ内は t 値である。

がもっともイチゴを購入しているチャネルは「スーパー」であるが、「直売所」や「青果店」においては産地に関してこだわりをもつ消費者が産地選択に関して特異的な行動を示すことを示唆している。また、直売所での購入が地元産の購入確率のみを高めることは、狭い範囲での地元産の購入チャネルとして地元産が機能することを意味しており、多くの産地において直売所で販売するという戦略の有効性を示すものである。

(5) 産地と品種の情報を導入した選択実験

回答者がイチゴの属性をどう評価しているかを定量化するために、選択実験を行った。選択実験は、回答者に複数の選択肢を提示し、回答者がもっとも好ましい選択肢を 1 つ選ぶという評価方法であり、選択型コンジョイント分析とも呼ばれる。この選択実験は、ランダム効用理論を理論的基礎としており、かつ、店頭での購買行動に類似しているため回答しやすいという利点があり、マーケティング・リサーチの分野で広く用いられてきた方法である。

選択実験に供したプロファイルの構成について述べる。属性については果実品質である「食味」と「大きさ」、購買意思決定に影響する「価格」、本章の問題意識から「産地」と「品種」とした。属性に対する水準であるプロファイルの構成については表 3-10 のとおりである。産地については地元産と県内産、県外産の 3 水準とし、品種については、予備調査から得られた消費者のイチゴの品種に関する知識が必ずしも多くないという知見から具体的な品種名を示さず、品種名の表示の有無による 2 水準とした。これらの属性と水準の組み合わせから、直交計画によって選択肢集合を構成した。なお、回答者ひとり当たり 5 回の選択を行うこととし、「ここからは、実際に買い物をするときのように、3 種類ならんだイチゴからひとつを選んでいただきます（『選択実験』という方法です）。それぞれのイチゴについて、以下の 5 項目が示されます。示されていない色や香り、いたみについては、すべて同じでどれも十分においしそうなものとして考えてください。」というワーディングによる説明を加えた。

推定には条件付きロジット分析を用いた。推定結果は表 3-11 のとおりである。

いずれの係数も有意であり、符号は価格と食味について負、他の属性については正であり、価格が安く、大きく、甘いほ

表 3-10　プロファイルの構成

属性	水準
価格	298 円、398 円、498 円
大きさ	一口で食べられる、一口より大きい
産地	地元産、県内産、県外産
食味	甘い、甘酸っぱい
品種	表示あり、表示なし

表 3-11　条件付きロジット分析の推定結果

	係数	限界支払意志額
価格	−0.0025***	
	(−7.000)	
大きさ	0.3242***	129.328
	(5.903)	
食味	−1.2620***	−503.497
	(−21.420)	
産地	0.2982***	118.950
	(8.540)	
品種	0.5047***	201.374
	(9.002)	
観測数	2182	
対数尤度	−1973.3	

注：カッコ内は t 値であり、*** は 1% の水準で 0 と有意な差がある。

うが高い効用を有するという結果である。これは、イチゴの消費者ニーズについて選択型コンジョイントを用いて分析した先行研究である下山ら [2] の結果とも一致する。本章が課題とする「産地」と「品種」についてであるが、産地がより近く、品種情報があるほうが高い効用を有することが明らかとなった。この、それぞれの果実品質による影響の大きさを価格で評価したものが、限界支払意志額である。その値をみると、「大きさ」と「産地」は 100 円台の前半であり、これらの項目の違いは同程度と評価することができるが、「品種」については表示されている場合に、およそ 200 円の限界支払意志額となるため、「品種」の表示は「大きさ」および「産地」の変化よりも大きいことが明らかとなった。

食味については、甘いだけでなく酸っぱさも欲しいというグループインタビューの結果を踏まえ、甘酸っぱさに対する評価を得ることをねらいとしたが、調査票に「甘酸っぱい(酸っぱさも残るもの)」と表示し、甘さと甘酸っぱさのバランスについては説明しなかったために、酸っぱさというワーディングが敬遠され、大きく負に作用することとなったと考えられる。

産地については、県外産より県内産、県内産より地元産が高い効用をもたらすことが明らかとなった。前項の分析結果から、産地の選択は購入先によっては県外産も選択される傾向にあることが示されているが、青果店のような口頭での説明がない状態では、より消費者に近い産地が選択されていると考えることができる。

品種については、卸売業者や小売業者への聞き取りでは、消費者は品種を気にしていないという意見が得られていた。それに対して、消費者のグループインタビューにおいては、消費者の知識は多くないが表示されていないという不満があることが確認されており、品種名が表示されていれば限界支払意志額から大きさの倍近くの消費者効用をもたらすという結果から、品種が表示されることによる消費者の選択行動への影響は顕著であると考えられる。

(6) 購入時点で「重視すること」

ここまで、産地や品種に対する意識を確認したうえで、実際の購入段階を想定し、選択実験によって産地や品種の情報がどのように評価されるかを分析してきた。ここからは、現在、取り組まれつつあることも踏まえて、産地や品種の情報がどのように評価されているのか、消費者の個人属性との関係を分析することで、産地や品種の情報を活用した販売戦略のターゲットとなる消費者層を明らかにしていく。

本項では、イチゴを購入する際に「重視すること」についての質問を分析する。「重視すること」については、現実に行われている購買行動を反映したものであり、この質問から、「産地」「品種」情報を消費者がどう捉えているのかを分析する。なお、調査票の記述は表 3-12 における質問項目の欄に示したとおりであり、「重視すること」のそれぞれの質問項目について、いずれの場合も「1　まったく当てはまらない」から「6　非常に当てはまる」までの 6 段階の多項単一選択回答で回答を得ている。加えて、「産地」「品種」については特定の「産地」や「品種」を示していない。

はじめに、イチゴを購入する際に「重視すること」に関する質問に対する回答は表 3-12 のとおりである。結果から、「いたみのなさ」「色つや」がとくに重視されており、「価格」「大きさ」「粒のそろいかた」が続いている。また、本章において課題とする「産地」「品種」については、全体としては比較的重視されていないという結果となった。なお、この「重視すること」においては、質問項目に食味を含んでいない。これは、品種の育成段階において育種目標には必ず良食味が含まれており、また、食品としての基本的な価値である食味が重視されないといった消費者による購買行動や産地側の販売戦略というのは想定しがたいためである。

この「重視すること」10 項目の質問について、因子分析を行った。因子の抽出には主因子法を用いてバリマックス回転を行い、因子負荷量の二乗和が 1 を超えていること、および累積寄与率が 50% を超えることを基準として、3 つの因子を抽出した（表 3-13）。因子負荷量が大きい項目を見ると、因子 1 は、「産地」「品種」「香り」であり、因子 1 を「産地と品種」とする。因子 2 は、「色つや」「いたみのなさ」「大きさ」「粒のそろいかた」「価格」であり、イチゴそのものの属性を示す「見た目のおいしさ」と考えられる[3)]。因子 3 は、「売り手の説明」「客の評判」である。いずれも言語を介したコミュニケーションに関するものであり、これを「言語情報」と解釈する。

「重視すること」の個人による差異を明らかにするため、因子分析による3因子の因子得点について、「購入している産地」の回答ごとに平均値を示したのが

表 3-12 「重視すること」に対する応答

質問項目	平均値	標準偏差	中央値	尖度	歪度	平均順位
価格	4.5	1.1	5	0.5	−0.7	6.2[c]
大きさ	4.3	1.0	4	0.8	−0.8	5.9[c]
色つや	4.8	0.9	5	2.6	−1.0	7.0[b]
粒のそろいかた	4.3	1.1	4	0.1	−0.6	5.7[cd]
いたみのなさ	5.2	0.8	5	1.7	−1.0	7.9[a]
香り	4.2	1.2	4	−0.2	−0.5	5.7[cd]
産地	4.0	1.2	4	−0.1	−0.4	5.1[de]
品種	3.8	1.2	4	−0.6	−0.2	4.7[e]
売り手の説明	3.0	1.3	3	−0.5	0.2	3.1[g]
客の評判	3.3	1.3	3	−0.7	−0.1	3.7[fg]

注：Friedman 検定の結果、項目間に有意水準 5% で差があり、Scheffé の多重比較の結果、平均順位の同一符号間に有意水準 5% で差がない。

表 3-13 重視することに関する因子分析の結果

	第1因子	第2因子	第3因子
	産地と品種	見た目のおいしさ	言語情報
産地	**0.877**	0.062	0.098
品種	**0.732**	0.147	0.275
香り	**0.561**	0.350	0.117
色つや	0.211	**0.826**	−0.030
いたみのなさ	0.123	**0.559**	−0.119
大きさ	0.192	**0.499**	0.122
粒のそろいかた	0.278	**0.428**	0.174
価格	−0.048	**0.407**	0.049
売り手の説明	0.214	0.001	**0.921**
客の評判	0.148	0.067	**0.757**
因子負荷量の二乗和	1.864	1.745	1.582
累積寄与率(%)	18.6	36.1	51.9

注：1) 各因子について因子負荷量を示し、値が大きいものを太字とした。
2) Kaiser−Meyer−Olkin の妥当性は 0.711 である。

図 3-3 である。「産地と品種」得点について、「地元産」「県内産」を購入している消費者で高く、「こだわらない」「わからない」としている消費者で低い。また、「言語情報」については、「産地と品種」得点ほどのばらつきは見られないものの「地元産」を購入している消費者で高く、「県内産」「県外産」「わからない」としている消費者で低い。このことは、購入時に重視していることと実際の購買行動の間の結びつきを示しており、「地元産」のイチゴを購入している消費者は「産地と品種」得点が高いと考えることができる。

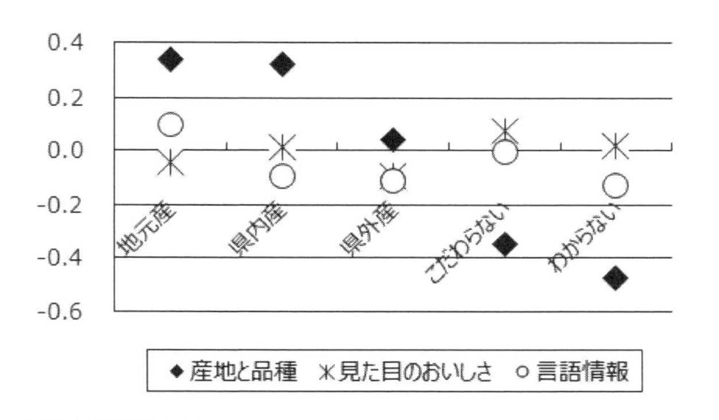

図 3-3　購入する産地と因子得点

本項では、産地や品種の情報を活用した販売戦略のターゲットを探索するため、「重視すること」の因子得点と消費者の個人属性との関係を分析する。消費者の個人属性について、ターゲットへのアクセスを考慮し、フェイス項目をクラスタ分析することによって消費者を類型化する。フェイス項目から、年齢、職業、同居している家族の人数、中高生の人数、小学生以下の人数、年収の 6 つの変数により、表 3-14 のとおり、3 つの世帯類型を解釈する。「リタイア世帯」は、年齢が 60 歳を超えており、専業主婦または退職後無職、子供のいない 2 人暮らしで、収入がやや低い、という構成が代表的である。「子供あり世帯」は、年齢はばらついていて、会社員または専業主婦、2 世代以上が同居しており、中高生と小学生以下の子供がおり、収入は中くらいである。「子供なし世帯」は、年齢が 40 代から 50 代で、会社員または専業主婦、小学生以下

表 3-14　世帯類型の特徴

世帯類型	回答数	年齢	職業	家族人数	中高生	小学生以下	年収
リタイア世帯	140	4.9	8	1.7	0.0	0.0	1.7
子供あり世帯	102	3.5	1, 6	4.5	0.7	1.2	2.5
子供なし世帯	139	3.9	1, 6	2.7	0.1	0.0	2.9
合計	381	4.3		2.7	0.2	0.2	2.3

注：1）年齢は「1: ～ 20 代、2:30 代、3:40 代、4:50 代、5:60 代以上」とコード化、職業は「1: 会社員、2: 公務員・教員、3: 農業・漁業、4: 自営業、5: 団体職員、6: 主婦、7: 学生、8: 定年後で無職、9: パート・アルバイト、10: その他」とコード化、同居している家族の人数、中高生の人数、小学生以下の人数は実数、年収は「1:300 万円以下、2:301 万円～ 500 万円、3:501 万円～ 750 万円、4:751 万円～ 1000 万円、5:1001 万円以上」とコード化した。

2）年齢、家族人数、中高生、小学生以下、年収は中央値、職業は頻度の多い値を示した。

の子供はおらず、収入はやや高い。この 3 つの世帯類型について、「産地と品種」に加えて、宣伝に関連する「言語情報」の因子得点をプロットしたものが図 3-4 である。「産地と品種」得点が高いのは「リタイア世帯」であり、「言語情報」得点が高いのが「子供あり世帯」である。「リタイア世帯」における「産地と品種」得点については、前項までの分析の中でも、年齢が高い場合に地元産を選択する傾向にあったことを裏づけるものである。イチゴの購買には子供の存在が関係していることはグループインタビューにおいて示されているが、「子供あり世帯」については、「言語情報」の特典が高いことが特徴である。この「子供あり世帯」は、「産地と品種」得点が低いが、現状では重視していないことであっても、売り手から情報を与えられたり、客の評判を参考にしたりして選択するという「言語情報」の得点が高い。このことは、今後、産地や品種の情報を「子供あり世帯」が得ることによって、こうした情報を商品選択の基準

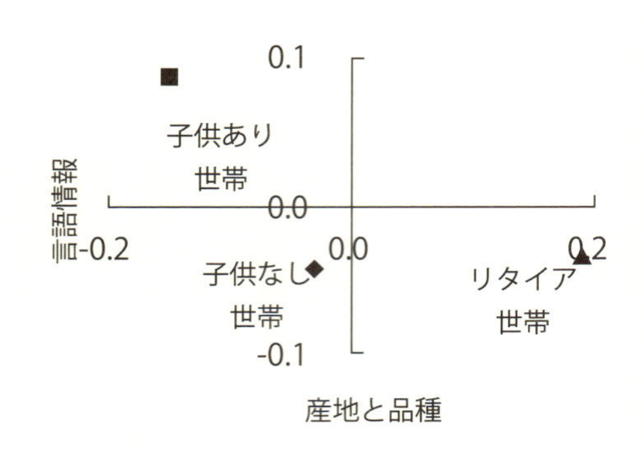

図 3-4　因子得点（産地と品種×言語情報）

にする可能性を示していると考えられる。したがって、「産地」「品種」情報を訴求する顕在的な対象は「リタイア世帯」であり、今後の拡大が期待されるプロモーションの対象は「子供あり世帯」であると考えられる。

第４節　考察

消費者の望むイチゴの属性を明らかにするとともに、イチゴの属性と購買行動における因果関係を分析することを目的として調査を行った結果、得られた知見は以下のとおりである。

イチゴの購買行動は子供の存在と強く結びつき、また、消費者はイチゴを購入する際にはっきりとした「価格」の基準をもっており、購入する際に「地元産」であることを高く評価している。「品種」については、知識が少ないものの、「品種」によってイチゴを選びたいと考えており、「品種」の情報を表示することによって購入のインセンティブを高めることが可能である。

実際に購入している価格についてはばらつきが小さいが、年齢が高い世帯では比較的高い価格で購入されており、また、産地についても購入価格に対する影響は大きい。産地については、「こだわらない」とした回答者に比べ、「地元産」のほか、他の有名産地を指すと推察される「県外産」とした回答者の場合において購入価格は高い傾向にある。

また、購入している産地については、購買チャネルも影響している。直売所で購入している回答者は地元産を選択する傾向があり、広く他産地からも商品をそろえ、対面で商品の説明ができる青果店で購入している回答者は県外産を選択する傾向にある。

購買行動におけるイチゴの属性について、購買実験の結果、「大きさ」「食味」「産地」「品種」の係数は有意であり、当然重視される良食味を前提とすれば、本章が目的とする「産地」、「品種」情報の販売上の有効性は明らかである。とくに、産地においては消費者により近いほうが高い効用を有するという結果が得られた。

イチゴの購入に際して「重視すること」には、「見た目のおいしさ」「産地と品種」「言語情報」という因子の存在が示された。「産地と品種」は、「産地」「品種」の因子負荷量が大きい因子である。また、消費者を「リタイア世帯」「子供あり世帯」「子供なし世帯」の3つの世帯類型に分類した場合、「リタイア世帯」は「産地と品種」因子との、「子供あり世帯」は「言語情報」因子との関連が深く、これらの世帯類型に対して、「産地」「品種」情報を訴求することの有効性が示唆される。

こうした結果から、以下のように産地の販売戦略に対するインプリケーションを得ることができる。

戦略的販売行動には「差別化」と「安売り」という選択肢があるが、後発産地としての福島県がイチゴにおける産地間競争において生き残るためには、市場ですでに大きなシェアを得ているイチゴに似たイチゴを生産してコストを下げる努力をするよりも、むしろ低価格競争に巻き込まれない産地戦略をもつべきであろう。また、福島県内の消費拡大という施策上の課題から見ても、限られた市場全体のパイが伸びることを期待するより、ターゲットとなる消費者を絞って継続的な関係を築くことの有効性が本章の結果から示唆されている。つまり、安売り戦略に対応する消費者ではなく、「産地」「品種」の情報による差別化戦略に対応する、こだわりの強い消費者をターゲットとするべきであろう。本章の分析から得られた、イチゴの「産地」「品種」に対するニーズの存在は、販売戦略構築の上で有用な知見となると考えられる。また、福島県は育成品種を活用し、品種特性等を踏まえターゲットを明確にした流通・販売促進を展開するとしている[4)]が、イチゴにおいては、「産地」「品種」情報を含む因子が地元産の購買と結びついており、ターゲットとなる消費者層として、「産地と品種」因子を重視する「リタイア世帯」、クチコミなどの「言語情報」因子を重視する「子供あり世帯」の存在が示唆されている。

しかし、福島県で生産されるイチゴを県オリジナル品種に置き換えるという戦略は必ずしも現実的でない。図3-1から、「産地」について「こだわらない」「わからない」としている回答が4割を占めており、県オリジナル品種を受け入れるターゲットは必ずしも多くない。したがって、県育成品種を活用した流通・販売促進を考える上でも、安易に「地産地消で安全・安心」などといったスローガンに依存するべきではないであろう。櫻井［3］は、地産地消について推進役が農政担当部局に任されている傾向があるため、農業サイドに偏った視点に立った事業推進に陥りやすい点を指摘しているが、「産地」「品種」についてもまた、ともすれば「地元のものだから売れるはず」「県のオリジナル品種だから振興すべき」といった、流通・消費者ニーズ不在の偏った施策の道具となりがちである。福島県は、とりわけ12月の消費が伸びる時期において出荷量が追い付かず、他県産に県内市場のシェアを奪われている状態であり、前章において述べたように12月の出荷量が伸びないという品種の特徴を踏まえると、福島県オリジナル品種に作付けを集中することは得策ではない。

今後の福島県オリジナル品種の販売戦略については、市場における標準的な品種の生産と流通をベースとし、福島県内および県外市場において、隣県でも生産されている標準的な品種によって市場シェアを拡大してくことが望まれる。並行して生産される福島県オリジナル品種については、小ロットであっても地元で育成された品種であることが伝わる販売チャネルにおける差別化戦略を選択することが有効であると推察される。

本章は、現状では比較的重視されていないと考えられる「産地」「品種」情報を訴求する可能性を検討した結果、潜在的な消費者ターゲットの存在する「産地」「品種」情報が差別化戦略に寄与することを明らかにし、標準的な「とちおとめ」主体の生産のなかで、福島県オリジナル品種を地元育成品種として、適切なチャネルや販促方法に基づいた差別化戦略に位置づけることの有効性を明らかにした。

注

1）高橋［4］は、地産地消活動の最大の範囲は一つの都道府県の内部にあるとしている。本章でも、消費者が都道府県を越えた範囲を地元産と捉える、という想定はしていない。
2）例えば、福島県農林水産部農林企画グループ「農業・農村に関する県民アンケート調査」でも、年齢が高いほうが県産農産物を購入することが示されている。
3）イチゴの育種段階では果型や色、大果性といった基準が使われるが、ここでは「色つや」や「いたみのなさ」が、品種特性ではなく鮮度に代表されるおいしそうな見た目を反映するものと考える。また、「価格」はおいしさに直接結びつかないと考え、因子２を「見た目のおいしさ」と解釈する。

4) 福島県による「食彩ふくしま販売促進プラン」にこのことが明記されている。

引用文献 ――――――

[1] Mangione, Thomas W.(1995) *Mail Surveys: Improving the Quality*, SAGE Publications(トマス・W・マンジョーニ著、林英夫・村田晴路訳『郵送調査法の実際：調査における品質管理のノウハウ』同友館、1999年).

[2] 下山禎・飯坂正弘・野中章久 (2002)「イチゴに対する消費者ニーズの解明：国内産・超促成栽培イチゴと外国産イチゴを中心に」『農業経営通信』第214号、pp.22-25.

[3] 櫻井清一 (2004)「地産地消」『農村計画学会誌』第23巻第1号、pp.84-85.

[4] 高橋太一 (2005)「地産地消活動における立地条件分析視点にともなう事例考察」『近畿中国四国農研農業経営研究』第11号、pp.65-79.

第４章
小売り段階における都道府県が育成した品種に対するニーズの存在

第１節　目的と課題

都道府県が新たに育成した品種を市場に導入する場合、販売戦略において、既存の産地や品種の構成に対してどのようなポジショニングを採用するかという点を明確にする必要がある。こうした新商品の市場導入にあっては、実務レベルでノウハウが蓄積されているが、品種の育成主体である都道府県においては、こうした実務分野の知見を育成新品種の販売戦略において活用できていないケースもあると推察される。

新たに育成された品種は、多収性や耐病性といった栽培面のメリットがあるために、生産サイドにとってはその採用に明らかな利点があるが、イチゴのように品種名が販売時点で表示される品目においては、販売する品種アイテム数が限られているため、その品種の品質と数量が売り場の棚割りを確保できるだけの水準に達していなければ、販売機会を失ってしまう。新品種を投入する市場において標準的な品種が存在する場合、生産規模が小さく市場占有率の低い後発産地が独自品種を市場に導入することは、取引機会の損失を招く可能性もあるため、産地にとって品種更新の意思決定は容易ではない。したがって、一般的な新製品開発のプロセス(図 4-1)に従えば、市場テストを経て市場に導入された新品種の市場での反応や顧客の動向をフィードバックし、産地の販売戦略としてのマーケティング・ミックスに調整を加えていくことが重要なのであり、本章の目的は、市場に出回り始めた新品種の販売時点の評価を通じて、都道府県育成品種の生産拡大に向けた産地戦略構築のための知見を得ることと整理できる。

前章においては、消費者によるイチゴの選択について、産地および品種の情報が消費者に求められつつあること、また、そのターゲットとなる消費者像を明らかにしてきた。イチゴの品種育成は、都道府県が主体となって行われることが多いが、このことは、各地の気象や土壌の条件に適合した品種が育成されるというだけでなく、消費者にとっては、自身が居住する地元で育成された品種が出回ることを意味し、同時に、流通・小売り段階にとっても、地元育成品種という新たな商品アイテムが得られることにつながるため、都道府県が主体となって育成する新品種は、生産段階だけでなく、流通・小売段階にとっても採用するメリットがあると考えられる。

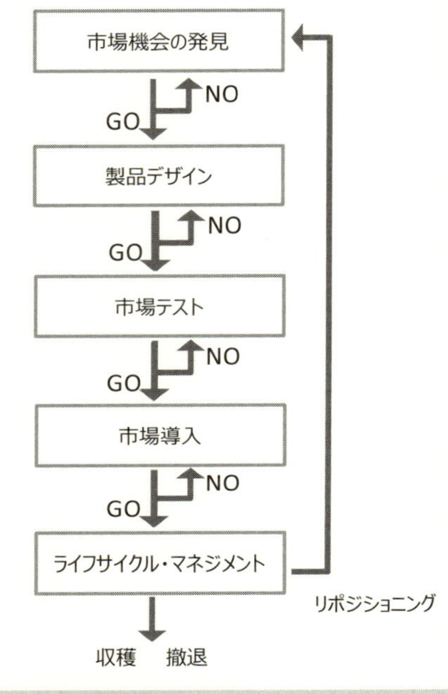

図 4-1　新製品開発のプロセス

注：小川[1]によるアーバンらの図を引用。

こうしたことから、本章の課題は、小売業者の調査を通じて、明確でない産地育成品種に対する小売り段階のニーズの存在を確認することと、出回り始めた新品種の評価を明らかにすることである。小売業者にあっては、さまざまな産地や品種のイチゴを扱っているため、産地育成品種について他の産地や品種と比較して客観的な評価を行うことができると考えられるが、こうした小売業者を対象として新品種の評価について調査を行った先行研究はほとんど見受けられず、本章で行う調査は産地の販売戦略構築にとって有意義なものであると考えられる。

第2節　データと方法

1. データ

(1) 小売業者を調査することの意義

本項では、実施した小売業者の意義と調査方法の詳細について述べる。市場に導入された新製品は、実際の市場での反応や顧客の動向を見ながら、マーケティング・ミックスに変更が加えられる。こうした新製品導入のプロセスとして新品種の市場導入を捉えると、販売時点での評価を産地が捉えることが必要であると考えられる。

品種の育成は目標とする特性を確認した段階で完了するため、育成・登録された品種は遺伝的に一定の特性を保持し、他の品種との区別性を有する。しかし、そのことは栽培管理に影響を受けるフィールドレベルで斉一性をもった同一水準のものが生産・出荷されていることを担保しないため、育成段階の試験圃や実証圃における品質水準は、消費者が実際に手に取る果実の品質水準（これをコマーシャル品質と本章では呼称する）とは異なっていることも想定される。また、イチゴは個体ごとのばらつきが大きい品目であり、同じ品種であっても産地ごとの差が大きいことが筆者の行った聞き取り調査で指摘されている。したがって、フィールドで生産され始めた産地育成品種の評価について、実際に商品としてのイチゴを取り扱っている小売業者を対象に調査し、その結果を分析することによって、産地育成品種のコマーシャル品質に対する評価を確認する。

ここでは、調査対象となる小売業者を品種が育成された都道府県内に限定する。これは、本研究が後発産地による新品種の育成と生産拡大に着目しており、出荷ロットの小ささを補うために、遠隔の大消費地ではなく地元市場での販売を想定していることに基づくものである。また、小売業者については、イチゴが一般に取り扱われている販売チャネルを網羅するため、食品スーパー、総合スーパー、青果店、生協、農産物直売所とする。

(2) 調査の概要

後発産地による育成品種の販売戦略に対する知見を得るため、事例として福島県オリジナル品種の「ふくはる香」および「ふくあや香」について、調査を実施した。なお、「ふくはる香」「ふくあや香」はごく一部の例外を除いていずれも福島県内を主な出荷先としているため、調査対象となる小売業者も福島県内に限定した。

方法は、郵送による質問紙調査である。サンプリングに当たり、職業別電話帳を用いて「スーパー」「青果店」「くだもの屋」に記載のあるものから系統抽出法によって無作為に抽出した330件に調査票を配布し、116件を回収した。なお、実施時期は2008年1月である。調査した項目は、店舗において取り扱う品種の数や種類、県オリジナル品種の知名度、品種ごとに質問した品種特性に関する具体的な評価である。

2. 方法

(1) 福島県産イチゴの流通

分析に先立ち、福島県産イチゴの生産・流通状況を確認しておこう。

福島県において作付けされているイチゴの品種は表4-1のとおりである。もっとも多いのは作付面積の過半を占める「とちおとめ」である。2番目に多いのは「さちのか」であり、栽培許諾によって複数県で栽培されている品種の作付け割合が高い。福島県オリジナル品種の「ふくはる香」「ふくあや香」は合わせて10%に満たない。次に、福島県産イチゴの出荷先を示したものが表4-2である。主な出荷先はおよそ7割を占める卸売市場であり、なかでも福島県と北海道の市場の割合が多いが、これらの市場において流通している主な品種は「とちおとめ」であり、複数の県

表4-1 福島県内の品種別作付面積 (ha)

品種	面積(%)
とちおとめ	41.9(55)
さちのか	7.5(10)
ぴいひゃらどんどん	3.3(4)
ふくはる香	2.9(4)
ふくあや香	2.3(3)
その他	18.2(24)
計	76.1(100)

注：福島県「平成17年度野菜生産状況調査」による。

が出荷を行っている。さらに、福島県内の卸売市場における入荷量と福島県産の割合を示したのが表4-3である。福島県産の割合は35～74%と幅があるが、取扱量のもっとも多いいわき中央卸売市場において福島県産の割合は3割台と少ない。これは、とくに12月期の福島県産の入荷量が少なく、栃木県産や茨城県産にシェアを奪われていることが要因として考えられる。

表 4-2　福島県産イチゴの出荷先

	数量(t)	構成比(%)
卸売業者	1,790	69.9
(うち県内	807)	31.5
(　北海道	664)	25.9
(　京浜	282)	11.0
直売・直販	734	28.7
小売業者	26	1.0
加工業者	10	0.4
合計	2,560	100

注：東北農政局「東北地域における青果物の生産・流通と消費」、福島県「食彩ふくしま販売促進プラン」(いずれも2004年)による。

表 4-3　福島県内の市場別入荷量 (t)

市場	数量	うち福島県産
福島中央卸売	544	388 (71%)
いわき中央卸売	1,162	431 (37%)
郡山市総合地方卸売	585	351 (60%)
東印郡山卸売	54	40 (74%)
会津公設地方	331	117 (35%)
合計	2,676	1,327 (50%)

注：東北農政局「東北管内対象市場における主要野菜の入荷量と価格」2004年による。なお、カッコ内は入荷量に占める福島県産の割合を示す。

まとめると、福島県においては、おもな出荷市場である福島県内と北海道で標準的になっている「とちおとめ」が多く栽培され、福島県オリジナル品種の作付けは伸び悩んでおり、また、県内の市場流通においては県外産が一定の割合を占めているため、福島県産の伸びしろがあるといえる。

(2) 新製品開発と先発優位性

本研究が課題とするイチゴの新品種のマーケティング戦略について、新しい品種を用いた新製品の投入を切り口として考えることとする。イチゴ市場は、市場全体が成熟化しているなか、「とちおとめ」が高いシェアを獲得しており、先発の「とちおとめ」に対する競争優位をねらうためのブランド化を後発産地が図るという構図として捉えることができよう。図4-2に示したアンゾフ

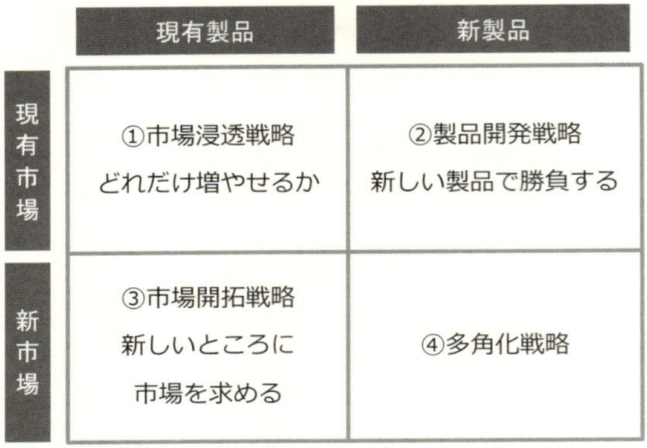

	現有製品	新製品
現有市場	①市場浸透戦略 どれだけ増やせるか	②製品開発戦略 新しい製品で勝負する
新市場	③市場開拓戦略 新しいところに 市場を求める	④多角化戦略

図 4-2　アンゾフの製品市場グリッド

注：小川[1]から引用。

の製品市場グリッドは、成長戦略を考えるうえでのもっとも古典的な枠組みである。「とちおとめ」主体の市場への新品種の導入は、現有市場に新製品を投入する、製品開発戦略と位置付けられる。新製品開発にはリスクが伴うが、田中[2]は、新製品開発のリスクが収益の期待値と不確定性によって決定されるため、不確定性を低減する一つの方法として、アンゾフの製品市場グリッドにおける市場開拓戦略、すなわち、既存市場にとどまっての製品開発がリスク・マネジメントの点から有効であることを述べている。

Kotler and Keller[3]は、企業のポジショニング戦略と差別化戦略について、製品ライフサイクルの間に起きる製品、市場、競合他社の変化に応じて変えていかなくてはならないと述べている。製品ライフサイクルは、導入期、成長期、成熟期、衰退期からなり、ほとんどの製品においてS字型を描くとされる。製品ライフサイクルのなかの導入期において課題となるのが、市場に参入する順位である。市場に先んじて参入することによって獲得する競争優位性は「先発優位性」と呼ばれ、多くの研究成果がそれを支持している。Carpenter and Nakamoto[4]は、1923年にマーケット・リーダーであった25社のうち19社が60年後の1983年にもマーケット・リーダーであり、また、先発ブランドの優位性について、ある製品カテゴリーにおける製品属性が不明確な場合において、先発ブランドが当該カテゴリーの典型例として参照されるため、消費者の選好が先発ブランドにシフトしていくことを指摘している。韓 [5] は、先発ブランドに対する消費者の認知構造について分析し、新しく形成された目的志向カテゴリーについては、伝統的な分類カテゴリーとは異なるカテゴリー・スキーマが形成されるため、伝統的な製品カテゴリーにおいて後発であっても、目的志向カテゴリーにおいては典型的なブランドとして消費者に知覚されるため、競争優位性を獲得できるという概念的フレームワークを提示した。こうした後発ブランドが新しいサブ・カテゴリーを発見することによって競争優位性を獲得するという実例として、角田 [6] は、特定保健用食品茶系飲料市場における「ヘルシア緑茶」を対象として分析を行っている。また、恩蔵 [7] は、ブランド戦略について、先発ブランドと後発ブランドを比較して成功要因をまとめており、後発ブランドについては、先発ブランドよりも優れていることを訴えるベター・プロダクト戦略よりも、自らが一番手になれる新たななサブ・カテゴリーを発見することが重要であることを指摘している。

新製品の導入については、実務的な分野を含めて数多くの蓄積がある。この新製品開発のプロセスについて、陸[8]は、シーズから出発するテクノロジー・ドリブン型とニーズから出発するマーケティング・ドリブン型があることした上で、前者では開発された新技術についてどのような効果を消費者が認知するかを確認する製品テストが先行し、後者では消費者のニーズを確認するコンセプトテストが先行するという差異があることを指摘している(図 4-3)。新製品開発においては、開発部門主導でのシーズからの発想や技術の新しさを追求することではうまくいかないことが多く、マーケティングのアプローチによってニーズを汲み上げることの重要性も指摘されている(田中 [2]、杉田 [9])。また、恩蔵ら [10] は、ハイテク企業を対象として分析を行い、顧客志向の組織文化が醸成されることで、製品開発チームを構成するメンバーが顧客ニーズの充足という目標を有するチームへの帰属意識を高め、新製品パフォーマンスを向上させることを指摘しており、顧客志向が組織とそのパフォーマンスに影響することを示している。

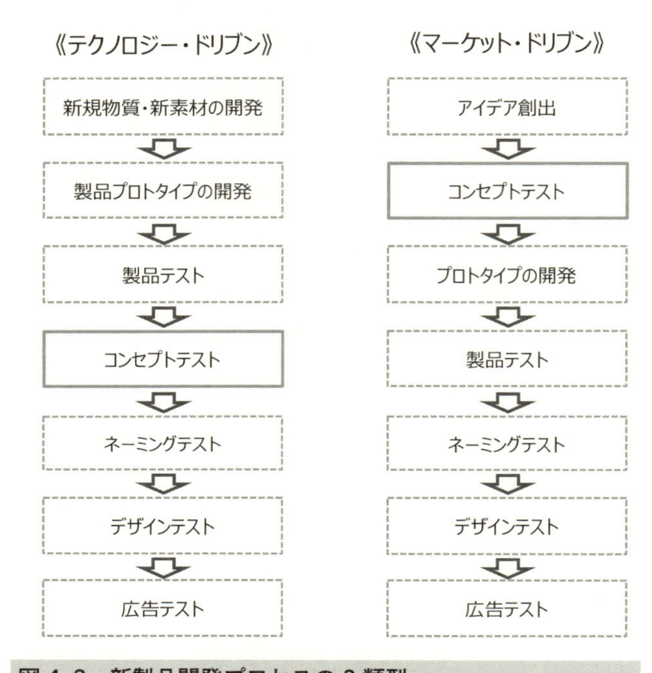

図 4-3　新製品開発プロセスの 2 類型

注： 陸[8]に基づいて筆者作図。

(3) 福島県によるイチゴ品種選択における 3 つのシナリオ

本項では、福島県において栽培する品種を選択する上で、採り得るいくつかのシナリオを提示する。後発産地である福島県が、県オリジナル品種を産地戦略においてどのように活用していくかということに着目した上で、想定されるシナリオは以下のとおりである。

1 つめは、「とちおとめ」を上回る特性をもった品種を育成し、県外への栽培許諾を行って、数多の「とちおとめ」産地において品種転換を促し、市場の標準的な品種のポジションを獲得するシナリオである。

2 つめは、「とちおとめ」を基幹品種として、県オリジナル品種を品揃え品種として位置づけるシナリオである。このシナリオには、県内消費者が県オリジナル品種について「とちおとめ」に対する差異を知覚することが条件となる。

３つめは、県オリジナル品種の縮小・撤退である。県オリジナル品種が流通・小売段階で求められていないならば、他品種の生産・販売の支援に対して資源を集中すべきであろう。

これら３つのシナリオのうち、１つめの市場の標準的な品種となるシナリオについては、「とちおとめ」を上回る特性をもった品種の育成が実現すれば可能性は皆無ではないが、そうした品種の育成は一般に困難であり、品種の転換についても他産地の意思決定に関与することができないため、県産品としてのイチゴの生産振興を行政的な施策目標として考えた場合、現実的ではない。

２つめと３つめのシナリオについては、導入先となる市場に対する事前の分析と市場の反応や顧客の動向によって評価する必要がある。多くのイチゴ産地にとって、自らの育成した新品種は、先発の高い市場シェアを獲得している品種の存在を前提とせざるを得ない。福島県オリジナル品種にあっては、既に圧倒的な市場占有率規模を確保し、福島県でももっとも多く作付けされている「とちおとめ」の存在を前提とした後発産地としての戦略立案を行う必要がある。韓 [5] や恩蔵 [7] の示している後発産地であってもサブ・カテゴリーを発見することで競争優位性を得ることができるという知見は、県オリジナル品種の新たなサブ・カテゴリーを発見することによって競争優位性を獲得する可能性を示唆しており、２つめのシナリオの可能性を支持するものと考えられる。導入を検討する福島県内の市場については、「とちおとめ」が標準的な品種であり、福島県産イチゴの市場占有率が出回り初期においてとくに少ないため、福島県産イチゴは生産を拡大する伸びしろがあると考えられる。また、前章において分析したように、消費者は産地に関して関心があり、地元産を重視する傾向があり、品種についても表示されている場合の効用が大きい。こうした産地および品種に対する消費者のニーズに対して、県オリジナル品種が十分な商品特性をもっているかについては、市場テストによって確認されるべきであるが、これまで、福島県における品種育成では、新製品としての本格的な市場テストは行われてこなかった。ここでは、県オリジナル品種と他の流通している品種のコマーシャル品質について、小売段階の調査を通じて商品特性としての果実品質を評価する。

(4) 品種の評価手法

小売段階における品種の評価には、食味や果実の大きさといった狭義の果実品質に加えて、輸送性や販売上の目新しさといった要素も想定し得る。本章では、こうした品種を評価する要素を得ることを目的として、予備的に実施した聞き取り調査をもとにして評価項目を構成する。

はじめに、調査サンプルの概要について記述統計を示し、評価項目の分析には因子分析を用いて因子を抽出し、得られた因子得点から各品種の特徴を明らかにする。また、評価項目に対して構造方程式モデリングを用いて品種そのものの総合的な評価と総合的な評価に対する個別の評価項目の影響の大きさを解析する。さらに、小売段階における各品種の好ましさを順位付けし、クラスタ分析によって分析する。加えて、自由記述による要望について整理し、評価項目に基づく品種の特徴と併せて、各品種のポジショニングに関する情報を得る。

第3節　結果

1. 調査サンプルの概要と品種の取り扱い状況

小売調査において、回収したサンプル概要について述べる。業態については、食品スーパー45%、総合スーパー11%、青果店34%、生協5%、農産物直売所3%であった。地域については、中通り66%、浜通り22%、会津13%であった。

品種の取り扱い状況に関する質問に対する応答を以下に示す。取り扱う品種について、複数回答を許容して調査した結果は表4-4のとおりである。「とちおとめ」が97%とほとんどの小売店で扱われている。また、「あまおう」「さちのか」が半数で扱われていた。県オリジナル品種については、「ふくはる

表4-4　取り扱う品種

品種名	(%)
とちおとめ	97
あまおう	47
さちのか	57
さがほのか	28
章姫	22
ふくはる香	29
ふくあや香	17
ぴぃひゃらどんどん	23

注：複数回答による。

香」29%、「ふくあや香」17% と比較的低い水準であった。また、「ぴぃひゃらどんどん」は福島県内の民間育成品種である。表 4-4 に示した品種のうち、福島県内で栽培されていないのは、福岡県内のみで栽培される「あまおう」と九州を中心に栽培される「さがほのか」である。

取り扱う品種の数については、3 品種以上とした回答がもっとも多く 71% であり、2 品種 16%、1 品種 9% であった。

県オリジナル品種である「ふくはる香」「ふくあや香」の知名度については、「どちらも知っていた」26%、「片方のみ知っていた」29%、「どちらも知らなかった」24%、「県オリジナル品種があるということは知っていた」11% であった。

県オリジナル品種 2 品種のうち、主に取り扱っているものについては、「ふくはる香」が 29%、「ふくあや香」が 9%、「扱っていない」という回答が 44% であった。

2. 15 の評価項目に基づいた 4 品種の特徴

標準的な品種である「とちおとめ」とプレミアム品種として扱われていると考えられる「あまおう」、県オリジナル品種の「ふくはる香」「ふくあや香」の 4 品種について、品種の特徴を明らかにするため、果実品質から流通の対応、消費者の反応まで含めた 15 の評価項目に対して、「そう思う」から「そう思わない」の 5 段階の多項単一選択回答によって調査した。評価項目は、「鮮度がよい」「棚持ちがいい」「時期を選ばず食味がいい」「ばらつきが小さい」「12 月から量がそろう」「消費者の値ごろ感がある」「信頼感が持てる」「消費者に人気がある」「イメージがよい」「卸売市場・仲卸の取り組みがよい」「3 月以降に傷みがでない」「3 月以降の食味がよい」「大玉である」「品種に目新しさがある」「出荷量が安定している」であり、これらの項目の設定については先に行った聞き取り調査の結果を踏まえて筆者が構成した。県オリジナル品種については、主に取り扱っているものについてのみ回答を得た結果、「ふくはる香」は 30 件、「ふくあや香」は 8 件、「とちおとめ」は 99 件、「あまおう」は 68 件の応答があった。これらの 4 つの品種ごとにそれぞれの評価項目の平均値をスネークプロットしたものが図 4-4 である。県オリジナル品種については、「12 月から量がそろう」「出荷が安定している」「消費者の値ごろ感がある」について相対的な評価が低いが、「時期を選ばず食味がいい」「品種に目新しさがある」といった項目において高く評価されている。とくに、「ふくはる香」については、「3 月以降の食味がよい」において評価が高い。「ふくはる香」と「ふくあや香」は同じような評価が得られているが、「ばらつきが小さい」については「ふくはる香」が高いのに対して「ふくあや香」で低い評価となった。また、市場の標準的な品種である「とちおとめ」は、「12 月から量がそろう」「消費者に人気がある」「出荷量が安定している」といった項目において他の品種より高く評価されており、「あまおう」は「大玉である」という評価が 4 品種中もっとも高い一方で、「3 月以降に傷みがでない」という評価はもっとも低い。

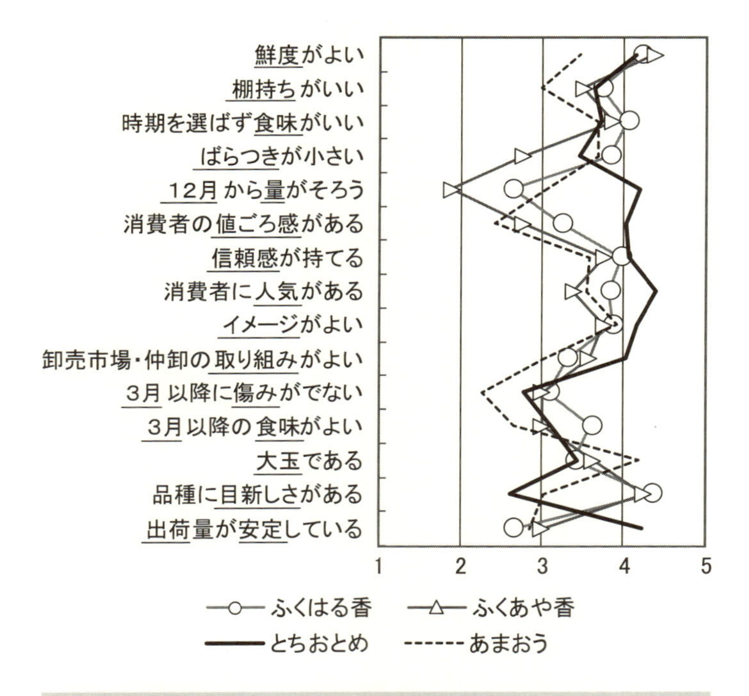

図 4-4　評価項目のスネークプロット

注：「そう思う」を 5、「そう思わない」を 1 とした 5 件法による。

これらの15項目の質問への回答について因子分析を行って因子負荷量を求め、3因子を抽出した（表4-5）。抽出した3因子において、「品種に目新しさがある」「3月以降の食味がよい」「棚持ちがいい」「3月以降に傷みがでない」「信頼感が持てる」「時期を選ばず食味がいい」「鮮度がよい」「ばらつきが小さい」「大玉である」の因子負荷量が大きい第1因子について果実品質そのものを示す「アイテム性」として解釈する。また、同様に、「出荷量が安定している」「12月から量がそろう」「卸売市場・仲卸の取り組みがよい」「消費者の値ごろ感がある」の第2因子を「市場性」として、果実品質と独立した「イメージがよい」「消費者に人気がある」の第3因子を「イメージ」とする。

これら3因子の因子得点を品種別に集計し、因子を軸としてプロットした。

表4-5　因子分析の結果

	第1因子	第2因子	第3因子
	アイテム性	市場性	イメージ
鮮度	**0.535**	−0.375	0.341
棚持ち	**0.640**	−0.334	0.062
食味	**0.569**	−0.067	0.211
ばらつき	**0.505**	−0.014	0.263
12月量	−0.010	**−0.717**	0.105
値ごろ感	0.196	**−0.608**	0.209
信頼感	**0.590**	−0.367	0.429
人気	0.196	−0.426	**0.749**
イメージ	0.320	−0.220	**0.757**
取り組み	0.289	**−0.638**	0.191
3月傷み	**0.647**	−0.331	0.116
3月食味	**0.639**	−0.219	0.098
大玉	**0.270**	0.112	0.108
目新しさ	**0.728**	0.128	0.053
出荷安定	−0.089	**−0.885**	0.151
固有値	3.322	2.882	1.702
寄与率（%）	22	19	11
累積寄与率（%）	22	41	52

注：バリマックス回転を行った後の因子負荷量を示し、値が大きいものを太字とした。

「アイテム性」と「市場性」の組み合わせについては、「とちおとめ」の「市場性」が高く、「ふくはる香」「ふくあや香」の「市場性」は「あまおう」に近い。また、「ふくはる香」は「アイテム性」の値が高く、アイテム性については「とちおとめ」と「あまおう」が似た水準である(図 4-5(a))。「イメージ」と「市場性」の組み合わせについては、「ふくはる香」と「あまおう」が同じように位置づけられていることがわかる。また、「とちおとめ」の「イメージ」は「ふくはる香」および「あまおう」と似た値を示しているが、「市場性」について全く反対の評価となっている。「ふくあや香」については「イメージ」の値が大きく負である(図 4-5(b))。因子得点から評価すると、県オリジナル品種の「ふくはる香」については「市場性」の評価は低いものの、「アイテム性」や「イメージ」の評価が高く、「とちおとめ」に対しての差別化品目として位置づけられる可能性があることを示している。

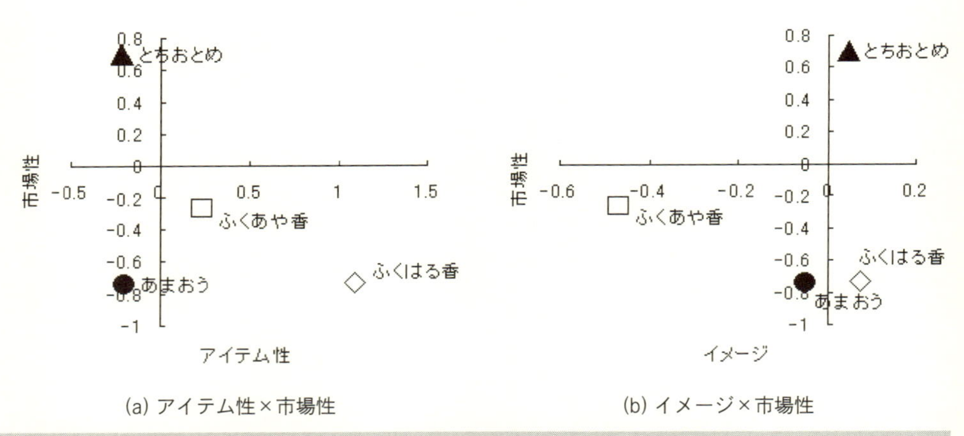

(a) アイテム性×市場性　　(b) イメージ×市場性

図 4-5　因子得点プロット

3.「ふくはる香」と「とちおとめ」に対する評価

前項では、因子分析を用いて評価項目に表れる品種の特徴について分析してきたが、本項では、因子分析では知ることのできない評価項目間の関係について、変数間の因果関係を分析可能な構造方程式モデリングを用いて、品種に対する評価をより詳細に分析する。対象とする品種は、県オリジナル品種の「ふくはる香」と、福島県が出荷している市場において標準的な品種である「とちおとめ」であり、これら2品種の比較によって、県オリジナル品種のポジショニングの可能性を検討する。分析する品種の選定にあたり、「とちおとめ」に対して品種転換を図るという第1のシナリオに対する適性を検討するため、「ふくはる香」と「とちおとめ」の比較を行う。

15の評価項目のなかから、構造方程式モデリングに供したデータの概要を表4-6に示す。5段階の多項単一選択回答でデータを得たが、応答が全体に高いほうへ偏っており、変数によっては天井効果が見られるものもある。しかし、両品種とも多変量尖度が小さいため、構造方程式モデリングによる分析が可能と判断する。

果実品質に関係する変数として、「食味」「大玉」を用いる。良食味や果実の大きさについては品種の育成においても育種目標として設定されている。また、市場流通への適性に関係する変数として、質的な安定性を示す「棚持ち」と量的な安定性を示す「出荷安定」を用いる。さらに、小売業者における品種の評価の指標となる変数として、「人気」「信頼感」「イメージ」を用いる。「人気」は消費者

表4-6　構造方程式モデリングに供したデータ

変数	ふくはる香	とちおとめ
棚持ちがいい	3.9 (1.1)	3.5 (1.0)
出荷量が安定している	2.4 (0.7)	4.3 (0.8)
大玉である	3.6 (1.1)	3.4 (0.7)
時期を選ばず食味がいい	4.1 (1.1)	3.6 (1.0)
消費者に人気がある	3.8 (1.0)	4.4 (0.7)
信頼感が持てる	4.1 (1.0)	4.0 (0.8)
イメージがよい	4.1 (1.0)	4.2 (0.8)
多変量尖度	0.1	0.6

注：1)　変数の下線部を略称として用いる。
2)　それぞれ、「そう思わない」を1、「あまりそう思わない」を2、「どちらともいえない」を3、「ややそう思う」を4、「そう思う」を5とする評定法により回答を得た。

のダイレクトな反応を反映するものとして、「イメージ」は既に評価の定まっている「とちおとめ」と未だ評価の定まらない「ふくはる香」の可能性を汲み上げるものと考えられる。また、「信頼感」で、小売業者から見た品種に対する評価を得るものとする。これら7つの評価項目について回答に不備があるものを除くと、「ふくはる香」が14件、「とちおとめ」が59件となった。

分析するモデルは図4-6のとおりである。四角形で囲まれた変数はそれぞれ観測変数を示し、楕円形で囲まれた「評価」については、直接観察できない潜在変数を示す。矢印は因果関係とその方向を示している。このモデルは、小売業者による果実品質や流通への適性に関する反応が直接観察できない「評価」に反映され、その「評価」は「人気」「信頼感」「イメージ」を指標として表現されるという多重指標多重原因モデル（MIMICモデル）であり、その構造を「ふくはる香」「とちおとめ」の異なる母集団としての2品種について同時に分析する多母集団の同時分析を行う。なお、果実品質や流通への適性に関する変数については相互に関係があるものとした。推定されたパス係数と適合度指標は表4-7のとおりである。

適合度指標は概ね良好である。品種ごとのパスを見ると、「ふくはる香」は、「出荷安定」「棚持ち」といった市場流通への適性において係数の符号がマイナスであり、この品種の市場流通の適性が低いことを示している。一方、「食味」から「評価」への係数は高い値を示しており、良食味が小売業者には高く評価されている。一方、「とちおとめ」はいずれのパス係数の値も「ふくはる香」と比較して高い傾向がある。

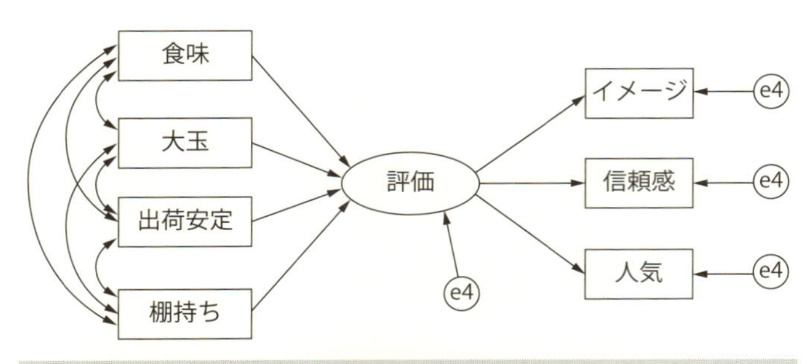

図4-6　小売業者の分析モデル

表 4-7　パス係数の推定値

パス			分類	ふくはる香	とちおとめ
食味	→	評価	果実品質	0.875 (0.046)	0.317 (>0.001)
大玉	→	評価	果実品質	0.091 (0.009)	0.342 (>0.001)
出荷安定	→	評価	流通適性	−0.087 (0.025)	0.314 (>0.001)
棚持ち	→	評価	流通適性	−0.021 (0.098)	0.148 (>0.001)
評価	→	イメージ	評価指標	0.546 (−)	0.833 (−)
評価	→	信頼感	評価指標	0.899 (0.025)	0.841 (>0.001)
評価	→	人気	評価指標	0.542 (0.098)	0.707 (>0.001)
適合度指標				CFI＝0.953	RMSEA＝0.087

注：値は標準化係数であり、カッコ内はＰ値である。

小売業者による２品種の評価を定量化するため、直接観察できない「評価」の構成概念スコアを算出し、品種間で比較したのが表 4-8 である。Student 検定の結果、品種の評価については、「とちおとめ」と「ふくはる香」の間には有意な差があり、「ふくはる香」の評価を「とちおとめ」が上回った。

表 4-8 「評価」の構成概念スコア

	ふくはる香	とちおとめ
平均値	1.95	3.84
標準偏差	0.53	0.59
平均値の差	1.88	
t 値(自由度)	10.98 (71)	
Ｐ値	<0.001	

注：Levene の検定の結果、等分散性の仮定は採択される。

4. 品種の好ましさ

小売段階における評価については、「県オリジナル品種」「とちおとめ」「あまおう」について、小売業者にとって好ましい順に順位付けをする形でも調査を行った。設問のワーディングは、「販売する立場からの評価として、より好ましい品種はどれですか？」というものであり、好ましいと思う順に順位をつける方法によるものである。結果は図 4-7 のとおりであり、「とちおとめ」が１位とした回答がもっとも多いという結果であった。「あまおう」については２位あるいは３位という回答が多く、「県オリジナル品種」は２位と３位が多いものの、１位という回答もわずかに見られた。

販売する立場から見た好ましさについて、回答者を各品種に対する応答から

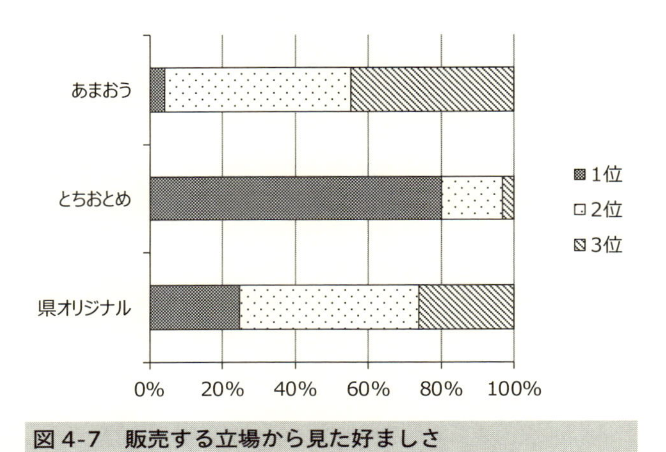

図 4-7　販売する立場から見た好ましさ

類型化した(表 4-9)。類型化にはウォード法によるクラスタ分析を用いた。いずれのクラスタにおいても「とちおとめ」が1位であり、全体の43% ともっとも多くの回答者が分類されるクラスタ1では、「とちおとめ」に続いて、「県オリジナル品種」が2位、「あまおう」が3位という順位であった。2番目に多いクラスタ3はすべて無回答というものである。続いてクラスタ4が全体の16% を占めて3番目に多く、「県オリジナル品種」について無回答、「あまおう」を2位とするものであり、さらに少ないクラスタ2においては「県オリジナル品種」を2位とし、「あまおう」を3位とするものであった。

表 4-9　好ましさの順位によるクラスタ分析結果

クラスタの解釈	n (%)	県オリジナル	とちおとめ	あまおう
サブ・カテゴリーの発見	50 (43)	2	1	3
回答なし	25 (22)	—	—	—
オリジナル品種不要	19 (16)	—	1	2
あまおうからの転換	11 (9)	2	1	—
とちおとめへの集中	11 (9)	—	1	—

注：各クラスタの中央値を示した。ハイフンは無回答を示す。

5. 自由記述による要望

小売調査においては、要望を自由記述によって記入する欄を設けている。この自由回答欄には40件の応答があり、その内容を分類したものが表4-10である。自由記述を分類した結果、「数量」に関するものがもっとも多く、続いて、「宣伝」「食味」「選果」「命名」に関することが記述されていた。量的な安定性や宣伝の不足といった記述が多かったことは、小売段階に対する調査ならではという調査結果であると考えられる。イチゴの主な販売チャネルはスーパー等の量販店であり、自由記述のもっとも多い分類が「数量」であったこともそうした現状の流通を反映している。また、「宣伝」については都道府県が積極的に関与できるものである。小売業者に対する調査結果から、こうした項目が県オリジナル品種の振興施策にはとくに不足していると考えられる。

表4-10　自由記述の内容（抜粋）

分類	件数	具体的記述の例
数量	12	昨年はふくはる香を販売していましたが、数量が不安定で販売しづらい。味は良いが棚持ちが悪い点から今年は見送っています。ふくはる香、ふくあや香の数量が増えてくれば取り扱いを再開したいと思います。また、12月からの販売も考えて欲しいと思います。【食品スーパー】
宣伝	9	ふくあや香、ふくはる香の販促にもっと力を入れてほしい。例えばパッケージにしてもきちんと品種名を入れて説明（かけあわせ、おいしさの特徴など）入れてみてはどうか？【総合スーパー】
食味	7	今シーズンからふくあや香を扱っています。ふっくらとした実は歯ごたえがやさしくおいしい。しかし暖かくなる頃には実のやわらかさが気になってくるのではと思っている。その点さちのかは売りやすい。【農産物直売所】
選果	3	生産者によって同じサイズでもばらつきがあるので再度基準を見直してください。【食品スーパー】
命名	3	オリジナル品種、ふくあや香、ふくはる香の名称は覚えにくい。もっと単純にふくいちごの方が消費者に浸透しやすいのでは？【業態について無回答】

注：分類は筆者によるものであり、件数は延べ件数である。また、【 】内に回答者の業態を示した。

第４節　考察

福島県は、イチゴ産地としての規模は必ずしも大きくないため、すでに市場で先行して高いシェアを獲得している産地に対して、後発の小規模産地としてどのような生産・販売戦略を採り得るのか、また、新たに育成した品種を新製品の開発と導入ととらえた場合、どのように活用するのがよいのかというのが本章における関心である。

後発産地として採り得る戦略を検討する上で、市場に先に参入したブランドが売り上げや利益の優位性を獲得することを先発優位性と呼ぶが、消費者行動に関する先行研究においては、後発のブランドであっても、サブ・カテゴリーを発見することで競争優位性を得ることができるという知見も示されている。

消費者のニーズについては、福島県郡山市の消費者に対するグループインタビューの結果から、現時点では消費者の多くは品種を意識していないが、潜在的に「品種によってイチゴを選択したい」というニーズが存在することが明らかになっており、福島県内の卸売業者に対する聞き取り調査からも、「福島県が育成した品種が待たれていた」という意見が得られている。

育成時点で確認される果実品質に対して、実際に流通している段階での果実品質をコマーシャル品質と呼ぶこととし、コマーシャル品質を評価できる主体として小売業者を位置付けて調査対象とする小売調査を実施した。

福島県オリジナル品種「ふくはる香」の品種全体の評価について、「とちおとめ」と比較したところ、「ふくはる香」は、食味の良さが小売業者には高く評価されているものの、市場流通の適性が低いため、「とちおとめ」を上回るほどの品種特性は有していないと評価されていた。優れた特性をもつ品種を育成して「とちおとめ」に置き換えるという第１のシナリオは採り得ないことがこの結果から示される。また、福島県オリジナル品種「ふくはる香」の品種全体の評価は、「とちおとめ」に置き換えられる水準ではないものの、個々の評価項目を因子分析した結果、「とちおとめ」に対してイメージやアイテム性の点で優れている項目もあった。とりわけ「ふくはる香」については、「とちおとめ」に対して市場性の点で劣るが、アイテム性が高く、また、イメージも良いため、小売業者の評価からは「あまおう」と似た位置づけとなっていた。こうした結果は、県オリジナル品種には流通および消費段階のニーズがあるため、生産振興から撤退するという第3のシナリオは機会損失につながることから、採るべきでないことを示している。

イチゴの取り扱いに関する調査結果は、ほとんどの小売業者は複数の品種を取り扱っているが、ほとんどすべての小売業者が取り扱っていたのは「とちおとめ」であり、この品種が市場の標準的な品種であることを反映するものであった。また、県オリジナル品種の2品種に対する知名度について、どちらも知っていたという回答が26%あったが、一方でどちらも知らなかったという回答も24%あり、新品種の振興主体である県から小売業者に対しての周知の不足がうかがえる。こうした周知の不足は、自由記述による要望においても宣伝の不足として指摘されていた。小売業者は、販売時点での陳列や対面販売の場合のセールストークなど、オリジナル品種の販売に大きな役割を果たすと考えられるため、小売業者への周知が不足していることは県オリジナル品種の販売拡大において大きな瑕疵といえよう。

こうした小売段階での評価を受け、育成地が採り得る産地戦略としては、「ふくはる香」を基幹的な品種と位置づけることは困難であるため、消費者のなかに潜在的に存在する地元で育成された品種に対するニーズに応えるという第2のシナリオを採用すべきである。これは、先発の品種である「とちおとめ」を主体とした販売のなかで品揃え品として位置づける、すなわち、基幹品種に対する地元育成品種というサブ・カテゴリーを発見するシナリオによる品種の活用と捉えられる。この戦略は、現在、卸売市場でも取り組まれている方向性や、本研究で行った小売業者における県オリジナル品種の順位付けの調査結果とも合致する。この、地元で育成された品種というサブ・カテゴリーは、福島県内においては、県オリジナル品種が県内消費者にとって優位性を保ち続けることができる[1)]。消費者の多くは品種を意識していないという聞き取り調査の結果との整合性については、東日本の市場で「とちおとめ」が支配的であることは揺るがないものの、各地で育成された多様な品種が育成されて出回るようになっていること、また、地産地消の拡大や直売の進展など流通の変化も消費者のニーズの多様化を後押ししており、地元で育成された品種が消費者の多様化するニーズに応え得る環境が整いつつあるといえよう。

福島県が育成した品種であるというストーリーを強調して差別化を行っていくにはブランドとしての統一性が必要であり、そのためには生産から流通・販売の各段階が密に連携することが重要と考えられる。地元育成品種としての差別化戦略は、購買者が地元で育成された品種であることに価値を見出すことが要件となるため、福島県内における小売業者に対する調査からも不足が指摘されていた宣伝に、力を入れる必要がある。加えて、農業体験や食育などの地域貢献を含めた取り組みもまた、地元消費者ならではのアプローチ方法といえるだろう。こうした住民とのパートナーシップを強化し、産地としての信頼感を醸成することを、地元育成品種へのニーズの創出および強化のプロセスと考えると、摘みとり園などにおける体験や対面でのアピールが可能である。また、福島県産イチゴの出荷量の3割を占める直売や直販を活用することも、後発産地の弱点であるロットの小ささを補うために有効であろう。

本章の結論として、新しい品種を市場に導入し、コマーシャル品質を評価できる小売業者を対象とした調査を行った結果から、福島県オリジナル品種の「ふくはる香」については、市場の標準的な品種である「とちおとめ」に加えて、地元育成品種であることをサブ・カテゴリーとしてのポジショニングを行い、直売・直販や摘み取り園といったチャネルを活用した販売戦略を構築することが求められる。

新品種の導入を新製品開発として捉えた場合、品種の育成主体となる都道府県には、消費者のニーズに基づいた品種の育成と販売戦略が求められる。新製品開発のプロセスにおいては、顧客価値やマーケット重視、事前のコンセプト明確化の貢献度が高く、ニーズを考慮しないトレンドの重視や技術の新しさを追求することは新製品の成功にはつながりにくいことが先行研究からも示されている。イチゴにおける新品種の育成は公設試験研究機関で行われていることが多く、生産の振興や流通・販売にかかる業務を担当する行政部門との連携によって、産地戦略における効率的な品種の活用が期待される。品種育成部署がマーケットを考慮せずに自らの思い入れや思い込みによる果実品質を目標としたり、生産振興部署が既存の市場における品種構成や小売段階のニーズを踏まえずに自らの育成品種の生産拡大を企図したりするといったアンバランスは、部門間の連携によって避けることができる。産地において育成された品種を活用するにあたっては、こうした部門間の連携の下、一定の生産・販売戦略に基づいた育種目標が設定されるべきであり、新品種の評価についても市場環境を踏まえたマーケット志向のものである必要がある。今後、ポスト「ふくはる香」「ふくあや香」の育成と振興を効率的に進めるにあたっては、育種、流通、知財管理の複数部門が連携して、顧客を重視したマーケット志向を共有することが一層重要になるであろう。

福島県産イチゴのもっとも大きな流通チャネルは先に表4-2に示したように、およそ7割が卸売市場である。福島県内の量販店においては県内産と県外産の「とちおとめ」が圧倒的なシェアを占めており、県外に栽培許諾をしていない福島県オリジナル品種が陳列棚に並ぶかどうかは、「とちおとめ」という既に定位置を確保した品種がある市場において、一定の占有率が得られるかどうか、言葉を換えれば福島県産のロットのまとまりが供給できるかどうかにかかっている。とするならば、量販対応としては、育成したオリジナル品種の県外への栽培許諾を行って、可能な限り多くの生産者を育てる仕組みが重要である。栽培許諾を行わない育成地内で囲い込む戦略は大産地でのみ有効なものである。生産規模が必ずしも大きくない産地である福島県においては、育成した県オリジナル品種が有する、電照が要らないという栽培面でのメリットは隣接県の生産者の関心も高いことから、県外への栽培許諾を実施するほうが県外への許諾を行わずに囲い込むことよりもメリットが大きいと考えられる。加えて、顧客との関係性に基づいた農産物直売所や直販、摘み取り園といった量販店以外の販売チャネルも積極的に活用して生産を拡大していくことが望まれる。

新製品開発のプロセスにおいても、市場への導入後は市場の反応や顧客の動向を見ながらマーケティング・ミックスを調整していくことは一般的な手続きの一つであり、これまでの「ふくはる香」「ふくあや香」における作付面積の伸び悩みを解消するために、県外への栽培許諾という方針転換も選択肢の一つとして検討すべきと考えられる。

注 ――――――

1) 筆者は、福島県内で行った調査から県外産よりも県内産、地元産のイチゴの方が消費者の効用が高まることを示した(半杭[11])。

引用文献 ――――――

[1] 小川孔輔 (2009)『マーケティング入門：マネジメント・テキスト』日本経済新聞出版社、p.306.

[2] 田中満佐人 (2004)「新製品開発におけるリスク・マネジメント：マーケティングの立場からみたローリスクな方法論」『プロジェクトマネジメント学会誌』第 6 巻第 4 号、pp. 3-8.

[3] Kotler, Philip and Kevin Lane Keller (2006), *Marketing Management*, 12th Edition, Prentice-Hall（フィリップ・コトラー、ケビン・レーン・ケラー 著；恩蔵直人監修『コトラー & ケラーのマーケティング・マネジメント　第 12 版』ピアソン・エデュケーション、2008 年）

[4] Carpenter, Gregory S. and Kent Nakamoto (1989) Consumer Preference Formation and Pioneering Advantage, *Journal of Marketing Research*, Vol.26, No.3, pp.285-298.

[5] 韓文熙 (2004)「先発ブランドに対する消費者の認知構造：スキーマ・ベースの観点を中心として」『早稲田大学商学研究科紀要』59 号、pp.29-42.

[6] 角田美知江 (2011)「消費者行動から見た先発ブランド優位性についての研究」『生活経済学研究』34 号、pp.27-35.

[7] 恩蔵直人 (1995)『競争優位のブランド戦略』日本経済新聞社、pp.18-33.

[8] 陸正 (2006)「マーケティング・リサーチ研究 (3)」『千葉商大論叢』第 44 巻第 1 号、pp.109-122.

[9] 杉田善弘 (2003)「新製品開発のマーケティング」『學習院大學經濟論集』第 40 巻第 3 号、pp.211-224.

[10] 恩蔵直人・石田大典 (2011)「顧客志向が製品開発チームとパフォーマンスへ及ぼす影響」『流通研究』第 13 巻 1-2 号、pp.19-32.

[11] 半杭真一 (2007)「農産物に対する消費者のニーズと購買行動：福島県郡山市におけるイチゴの事例」『2007 年度日本農業経済学会論文集』、pp.231-238.

第５章 イチゴにおける品種のネーミングと品種活用方策

第１節　目的と課題

イチゴが販売される際には、品種名が表示されるため、消費者はこれを手がかりとして購入する。また、1990 年代以降、新しい品種が盛んに育成されている。品種名の決定については育成者によるネーミングに加えて消費者への公募も行われており、育成地名や女性的な単語の導入など消費者にとり親しみがある品種名が増えている。さらに、最近 10 年間に主な促成栽培用品種として育成されたイチゴ 31 品種のうち 25 品種が都道府県によって育成されており（織田［1］）、都道府県がその品種育成の主体となっている。一般的に都道府県の役割である産地振興において、消費者に対して好意的なイメージを喚起するネーミングは、育成した品種によるブランド化に大きな役割を果たしている。こうしたことから、消費者に好印象をもたれ、市場評価が高められるような品種名を考案すること、およびその方法が求められている。

都道府県による産地振興は、産地の育成、生産基盤の強化、価格形成力の強化、収益の確保等のさまざまな役割をもっている。また、育成品種の戦略的活用には、耐病性等の品種特性に基づく生産面への貢献、ブランド化による生産物の高付加価値化に加え、知的財産として県外への栽培許諾（以下、県外許諾と記す）といった事項が関係する。とりわけ、イチゴは一般に店頭で品種名が表示されていることから、品種名には産地によるブランド化において消費者へ差別化ポイントをアピールするという機能がある。

産地の販売戦略は、果実品質を左右する品種選択、出荷市場の選定、直売や摘み取り園での利用も含めた販売方法に至るまでさまざまな構成要素をもつ。こうした販売戦略と育成品種のネーミングは整合的に行われる必要があるが、育成品種のネーミングと産地戦略との関係を論じた先行研究は皆無であるため、既存の品種が一定程度のシェアを確保している現在の市場環境において、今後新しい品種をデビューさせようとしている主体にとって、市場におけるポジショニングを明確にし、消費者に好意的なイメージを与え、購買につなげるには、どのようにネーミングしたらよいのかは手探りの状態である。そのため、都道府県がイチゴ品種の育成と産地振興の双方を担っているにもかかわらず、品種の育成方針や産地の販売戦略に沿ったネーミングを行わないと、新たな品種が他の多くの品種との競争に埋もれてしまうことが危惧される。

ネーミングの要素には、含まれる単語や文字によって果実品質や産地をイメージさせる示唆的イメージや、品種名そのものの語感がある。現在流通している品種名について、消費者に対してこうした示唆的イメージが伝達されているか、また、語感によって好意的な印象がもたれているかを検証することは、戦略的なネーミングを行う上で重要である。

本章の目的は、新たに育成したイチゴ品種に対して戦略的なネーミングを行う際の知見を得るため、既存のイチゴを対象とした品種のネーミングを解析し、育成地による品種の活用方策との関連性を考察することである。

本章の課題は、第１に、品種のネーミングに関して、品種名に込められた意図や言語学的な検討によって品種名の特徴を整理し、消費者の調査を通じて、品種名の特徴を構成する示唆的イメージや音象徴の機能を評価することである。第２に、産地による品種の活用方策の類型化である。産地は育成品種の県外許諾や産地の規模といった要素によって異なる産地戦略を採り得るが、産地戦略における品種の活用方策について、これらの要素によって類型化を行う。第３に、類型化した品種の活用方策とネーミングの関係について分析する。

第２節　データと方法

1. データ

(1) 分析対象品種の選定

分析に用いたのは表 5-1 に示した 8 品種[1]である。これらの選定にあたり、県外許諾の有無と育成地の出荷量による産地規模に基づいた。全国的に流通する品種のなかから県外許諾と産地規模による分類を行って、育成地ごとに 1 品種ずつを選定した。全国的に流通する品種に加えて、小規模産地の戦略的な展開について知見を得るため、宮城県と福島県の育成品種を対象に加えた。福島県では、用途が共通であり作型が異なる 2 品種を同時に育成・登録し、かつ、後述するように、これらに対して類似したネーミングを行っている。こうしたネーミングの類似性と小規模産地が複数品種を育成・登録することに対する評価を得るため、福島県の育成品種については 2 品種とも対象とした。

表 5-1　分析対象のイチゴ 8 品種に関する育成者、県外許諾状況

品種名	登録年	育成者	育成地出荷量 (育成地規模)	県外許諾 (代表的な県)
とちおとめ	1996	栃木県	26,600(大)	19 件(茨城県)
さちのか	2000	農研機構	―(―)	34 件(長崎県)
さがほのか	2001	佐賀県	10,200(中)	9 件(熊本県)
紅ほっぺ	2002	静岡県	10,500(中)	13 件(愛知県)
あまおう	2005	福岡県	17,500(大)	なし
ふくはる香	2006	福島県	2,490(小)	なし
ふくあや香	2006	福島県	2,490(小)	なし
もういっこ	2008	宮城県	6,130(小)	5 件(千葉県)

注：1)「さちのか」は野菜茶業試験場久留米支場(当時)において育成され、育成者権は(独)農研機構が有している。
2) 県外許諾については、ヒアリング調査に基づいて許諾件数とカッコ内に代表的な県名を示した。
3) 育成地出荷量は県別の 2009 年産出荷量 (t) であり、農林水産省「野菜生産出荷統計」に基づく。育成地規模はそれぞれの比較から筆者が判定した。

(2) 調査の概要

ネーミングに関する育成地の意図や語感について、消費者の受ける印象と整合性があるか検証するためにグループインタビューと質問紙調査による消費者調査を実施した。本章では、福島県の育成品種にとくに注目するため、消費者調査の対象を評価対象の8品種が出回る可能性のある福島県在住者に限定した。これは、県外への許諾を行わず、流通のほとんどが福島県内に限定されており、福島県で育成されたことを示唆する品種名である「ふくはる香」「ふくあや香」に対する評価を得やすいと考えたためである。その方法と対象は表5-2、表5-3のとおりである。なお、質問紙調査については、回答者に植物品種に

表5-2　グループインタビューの概要

項目	内容
調査対象	福島県内在住の学生および主婦のグループ 主婦グループ:30 ~ 40歳代の専業主婦5名 学生グループ:同一の大学に通う男性3名、女性5名
実施日	2010年6月23日(主婦)、7月13日(学生)
調査方法	グループインタビュー（品種名についてはじめは説明なしに示し、途中で育成地や生産地等の説明をした）
調査内容	8品種の品種名に関する印象

表5-3　質問紙調査の概要

項目	内容
調査対象	福島県農業総合センター正規および臨時職員150名（イチゴに関する業務に携わらない者）
実施日	2010年7月26日~8月5日
調査方法	留め置きによる質問紙法
有効回答数	95　(回収率63%)
調査内容	8品種について、「おいしそう」「おぼえやすい」「親しみがもてる」「野暮ったい、ダサい(符号を逆にした)」「かわいい、かわいらしい」「凝っている」「声に出してよみやすい」「作ったところがわかる」「イチゴらしい」「力強い」「さわやかだ」「ユーモアがある、面白い」「いい名前だ」の13項目に関する評価
回答方法	「非常にそう思う」を3点とし、「全くそう思わない」を−3点とした7件法により、それぞれの選択肢に点数を示して回答を得た

注：調査項目は、グループインタビューによって得られた意見に基づき設定した。

関する一定の知識があることを前提とするため、特定の範囲を対象としたが、バイアスを小さくできるように質問項目や調査範囲を工夫した。

2. 方法

本章では、分析対象の８品種について、育成権者が品種名に込めた意図やねらいに対する消費者の評価と品種活用方策の関係を明らかにする。なお、イチゴは都道府県による品種の育成が盛んであるため、本章では、産地あるいは育成地について、都道府県のレベルを想定する。

はじめに、品種のネーミングに関して、育成者の品種名に込めた意図並びに言語学的な面から品種名の示唆的イメージおよび語感を先行研究に基づいて整理する。品種名に込めた意図やイメージと語感については、消費者調査を用いて検証する。消費者調査にあたっては、グループインタビューによって定性的な評価、質問紙法によって定量的な評価を得る。質問紙調査においては、調査項目に対して因子分析を行うとともに、マーケティング・リサーチの領域で用いられる重要度・影響度分析を援用して、品種名の総合評価だけでなく、その構成要素となる変数についても分析を行う。

次に、産地による品種の活用方策について類型化を行う。育成した品種の活用については、生産量が大きい場合には消費段階における産地の知名度を背景とした販売戦略での活用が期待され、また、新品種は知的財産として、育成者には発生する育成者権の栽培許諾による活用も想定される。こうした、育成地の生産規模および県外への栽培許諾の有無によって、既存品種の育成地を類型化する。

最後に、品種のネーミングと産地による品種の活用方策について、品種名に込められた意図やねらいに対する消費者の評価と、類型化した育成権者による品種の活用方策とを突き合わせることによって、ブランド化等の産地の販売戦略と育成品種のネーミングとの整合性を評価し、これらの関係に好影響を与えられる品種のネーミングのあり方を示す。

第3節　結果

1. 品種のネーミング

(1) 品種名の候補の提案方法と込められた意図

ここでは、表5-4のとおり、品種名の候補の提案方法や育成者がネーミングに込めた意図について整理する。ネーミングの意図については、公表資料に基づくものを「込められた思い」とし、ヒアリングによって得られた、公表されていない情報を含むものを「ねらい」として区分する。

表5-4　品種名の候補の提案方法とネーミングの意図

品種名	候補の提案方法	ネーミングの意図	
		込められた思い(公表資料)	ねらい(ヒアリング)
とちおとめ	県内の学生・高校生・婦人団体・料理学校・市場関係者から公募	栃木県のイメージを表しながら、いちごのもつ女性的印象により生産者を始め消費者や流通関係者から親しみをもたれる様にとの願いを込めた	—
さちのか	育成機関内部から候補を提案	安定して高い糖度、ビタミンC含量と優れた香り、および生産・流通面での省力性から生産者、流通関係者、消費者に限りない幸せをもたらすことを願って	・久留米の代表的品種である「はるのか」「とよのか」の伝統を踏まえた品種であること ・産地を特定するような文字は加えず、全国の産地に広がることを願って命名
さがほのか	県庁内部、経済連、市場関係者(出荷先等)の機関から公募	ほのかな香りと適度な酸味でおいしいいちごのイメージに重ねて佐賀県のPRができる	おいしさ、新鮮さがイメージされ、佐賀県の独自品種として覚えやすく、呼びやすい名前
紅ほっぺ	県内のイチゴ関係者および育成機関の公開イベントで公募	コクのある食味と中まで赤いという特徴、かつ、かわいらしさ、愛らしさを表現した	京浜市場で売るために地方色がなく、一回聞けば覚えられる名前

あまおう	県のテレビ番組や広報誌といった媒体を通じて県内から公募	特長である「あかい、まるい、おおきい、うまい」の頭文字をとり、「いちごの王様になるように」との願いを込めた	・消費者に親しまれやすいこと ・販売促進に結びつくこと
ふくはる香	県外も含め公募	ふくしまの春の息吹と甘い香りをいち早く消費者に届け、幸福感をともに味わいたい	品種の特徴をふまえ、福島県をイメージする文字が入るなど親しみやすい名前
ふくあや香	県外も含め公募	ふくしまオリジナルの酸甘あやなす香味を消費者に届け、幸福感をともに味わいたい	品種の特徴をふまえ、福島県をイメージする文字が入るなど親しみやすい名前
もういっこ	育成機関内部から公募	糖度と酸度のバランスがよく、そのすっきりとした甘さには、大粒の果実にも関わらず、ついつい‘もういっこ’手を伸ばしてしまう魅力があります	イチゴ品種に地名を付けたものが多かったことから、違った視点でネーミングをしたいという意図

注：1)「さちのか」は野菜茶業試験場久留米支場（当時）において育成された。なお、「はるのか」「とよのか」も同支場で育成された品種であり、「ねらい」における久留米とはこの支場を指している。
　　2)「ネーミングの意図」は、公表資料と育成地に対するヒアリング調査に基づき筆者が構成した。表記上のばらつきは原資料に起因する。

「とちおとめ」に込められた意図は、栃木県のイメージを表すこと、また、女性的印象により親しみをもたれることである。以下同様に、「さちのか」は、高い糖度およびビタミンＣ含量並びに優れた香りによって幸せをもたらすこと、育成者が過去に育成した「はるのか」「とよのか」の伝統を踏まえた品種であること、産地を特定するような文字を加えないことで全国の産地に広がることである。「さがほのか」は、ほのかな香りと適度な酸味、佐賀県のPRができること、おいしさと新鮮さのイメージ、覚えやすく呼びやすいことである。「紅ほっぺ」は、コクのある食味と中まで赤いという特徴、かわいらしさや愛らしさ、地方色がないこと、覚えやすさである。「あまおう」は、あかい・まるい・おおきい・うまいという特長、いちごの王様になるようにとの願い、親しまれやすいことである。「ふくはる香」は、春の息吹、甘い香り、幸福感、福島県をイメージすること、親しみやすいことである。「ふくあや香」は、酸味と甘み、幸福感、福島県をイメージすること、親しみやすいことである。「もういっこ」は、すっきりとした甘さ、大粒の果実、地名を付けないことによる違った視点でのネーミングである。

また、育成品種に産地戦略と整合するネーミングを行うためには、品種名の候補を提案するものに一定の知識を求めざるを得ない。しかし、「とちおとめ」「さがほのか」「紅ほっぺ」「あまおう」「ふくはる香」「ふくあや香」では、広く品種名の候補を公募している。これに対し、「紅ほっぺ」は産地戦略と品種特性を熟知している育成機関内部からの候補提案も併せて行っている。育成機関内部のみから候補を提案しているのは「さちのか」「もういっこ」である。

(2) 品種名の言語学的検討

1) ネーミングの先行研究

ネーミングの研究は、主としてブランド名を対象として実務段階で行われてきた(黒川[2]、岩永[3])。ブランド名は、消費者に対して、意味を連想させたり、音の響きによって印象を形成したりする。Robertson [4] は、戦略的に望ましいブランド名の特性として、単純さや識別性、製品クラスとの関連性、言語学的要素等をあげている。

イチゴの品種名については、食味をはじめとした果実品質、イチゴらしさであるカテゴリー適合性、有名産地や地元産の手がかりとなる育成地名といった事項を、意味の連想によって訴求する示唆的イメージを含むものが見られる。Brendl et al. [5] は、ブランド名に消費者の名前が含まれるときにニーズが高まるとしているが、女性の名前として用いられる単語をイチゴの品種名に利用することが多いのは、こうした効果への期待と推察される。また、育成地名の示唆についても、地元志向の強い消費者の関与水準を高めることに寄与するであろう。Keller et al. [6] は、特定の製品に関係する属性や便益の情報を伝達する示唆的なブランド名が、広告の便益訴求を再生させやすくすると同時に、意味的関連の小さい便益訴求を低下させることを示した。示唆的なブランド名は強い連想をもたらすが、同時に再ポジショニングの難しさをもっているため、イチゴの品種名における果実品質や育成地の示唆は、産地の販売戦略と密接に関連づけることが求められる。

音の響きについては、「単語が本来有する意味とは独立に、その発音にも象徴的意味が存在する（朴ら [7]）」ことを主張する理論である「音象徴」が、ブランド名を対象に研究されている。朴ら [7] は、ブランド名の発音から連想される製品属性の特徴として、舌が前に位置し高い音を発する前舌母音 /i,e/ に比べ、舌が後ろに位置し低い音を発する後舌母音 /a,u,o/ のほうが、大きく、重く、丸い製品属性を連想させるという Klink [8] の研究について日本人を対象とした実験から確認している。日本語において、仮名1文字の発音に相当する音韻論的時間を一般に「拍」と呼び、俳句の五七五はこの拍を数えたものであるが、越川 [9] は、ロングセラー商品のブランド名について拍ごとの音象徴を分析し、ブランド名の語頭に「か行」もしくは「ま行」の音をおくこと、日本語の特徴である特殊拍（促音「っ」や撥音「ん」、長音）を含めることが、消費者に比較的強い印象と影響を与えるのに効果的であることを示した。

2) 品種名の示唆的イメージ

品種名が示唆するイメージには、直接的なものと消費者の類推による間接的なものがある。例えば、「さがほのか」の「さが」は「佐賀」を直接的に示すものであり、佐賀県をイメージさせるであろう。「とちおとめ」は、品種名に示唆的された「とち」から、消費者が「とち」→「栃」→「栃木」と類推することで栃木県のイメージが伝達されることを育成者が意図している。このように、間接的な示唆であってもイチゴの品種名であるという条件によって、「とち」から「土地」といった関わりの小さい単語は類推されにくいと考えられる。この点を考慮し、表5-5に分析対象の品種名に関するイチゴとしての示唆的イメージを示す。

「とちおとめ」には、「栃木県」「乙女」がある。「さちのか」には、「幸せ」「香り」「果実」がある。また、格助詞「の」によって、幸せの香りまたは果実といったイメージが喚起される。「さがほのか」には、「佐賀県」、形容動詞あるいは人名としての「ほのか」がある。「紅ほっぺ」には、「紅色」「ほっぺ」、擬音語の「ほっ」が

表 5-5　分析対象品種名に関するイチゴとしての示唆的イメージ

品種名	示唆的イメージ	
	直接的	間接的
とちおとめ	とち【栃、橡】、おとめ【乙女】	栃木県
さちのか	さち【幸】、の［格助詞］、か【香、果、華、花】	幸せ、さち［固有名詞（人名）］、香り、果実、華やか
さがほのか	さが【佐賀】、ほのか［形容動詞、固有名詞(人名)］、か【香、果、華、花】	佐賀県、佐賀［固有名詞（人名）］、香り、果実、華やか
紅ほっぺ	紅、ほっぺ、ほっ［擬音語］	紅色、ほっぺた
あまおう	あま【甘】、おう【王】	甘い、王［固有名詞（人名）］、王様
ふくはる香	ふく【福】、はる【春】、はるか［形容動詞、固有名詞(人名)］、香	福［名詞、固有名詞（人名）］、福島県、遥か、香り、香［固有名詞(人名)］
ふくあや香	ふく【福】、あや【綾、文、絢、彩】、あやか［固有名詞(人名)］、香	福・綾・文・絢・彩［名詞、固有名詞（人名）］、福島県、香り、香［固有名詞(人名)］
もういっこ	もういっこ【もう一個】	もう［副詞］、個［助数詞］

注：1）示唆的イメージはネーミングの意図を考慮して筆者が構成した。また、連想される漢字についてはイチゴの品種名として関係が薄いと考えられるものを省き、地名については各地の生産規模を考慮した。
　　2）音からの連想が想定される漢字を【　】で、想定される品詞を［　］で示した。

あり、赤い頬のイメージを喚起する。「あまおう」には、「甘い」「王様」がある。「ふくはる香」には、「福島県」、名詞あるいは人名としての「福」「春」「香り」、形容動詞あるいは人名としての「はるか」がある。春と香りが示唆されることによって、旬である春の香りのイメージが喚起される。「ふくあや香」には、「福島県」、名詞あるいは人名としての「福」、名詞あるいは人名としての「あや」「香り」がある。「もういっこ」には、「もう一個」がある。

　品種名の示唆的イメージとして、育成者によって込められた意図である育成地や親しみやすさ、香りが複数の品種で示されている。また、他の品種にない王様といったイメージを示唆する「あまおう」、もう一個という普通の語（助詞＋数詞）がそのまま使われた「もういっこ」のような独特なものもある。

3) 品種名の音象徴

ここでは、品種名の音の響きによる印象の形成を音象徴に基づいて整理する。拍ごとの音象徴は、品種間で共通するものが多いため、育成者の意図に近似していることを品種ごとの特徴と捉え、特徴が表れているものを指摘する（表5-6）。なお、拍ごとの音象徴は越川[9]、城戸[10]に依った。

「とちおとめ」は「と」音の強大さや「お」音のやや暗い印象、「ち」音の鋭さがある。「さちのか」は「さ」音の爽快さや「ち」音の鋭さがある。「さがほのか」も「さ」音の爽快さと「ほ」音の柔らかさがある。「紅ほっぺ」は「ほ」音の膨らみや柔らかさと促音の軽快感、「ぺ」音の明るさがある。「あまおう」は後舌母音のみで構成される品種名であり、大きく、重く、丸い製品属性を連想させる（朴ら

表5-6　分析対象品種名に関する拍ごとの音象徴

品種名	拍ごとの音象徴
とちおとめ	と：**強大さ**、ち：強大さ・**鋭さ**・窮屈さ、お：**鈍重さ**・強大さ・**暗さ**・柔らかさ、と：強大さ、め：鋭さ・優しさ
さちのか	さ：強大さ・**爽快さ**、ち：強大さ・**鋭さ**・窮屈さ、の：強大さ・柔らかさ、か：強大さ
さがほのか	さ：強大さ・**爽快さ**、が：強大さ、ほ：**膨らみ**・**柔らかさ**、の：強大さ・柔らかさ、か：強大さ
紅ほっぺ	べ：鈍重さ・不快さ、に：鋭さ・明るさ・強大さ、ほ：**膨らみ**・**柔らかさ**、っ：スピード感・**軽快感**、ぺ：明るさ
あまおう	あ：明るさ・**開放感**・**強大さ**、ま：強大さ、お：鈍重さ・**強大さ**・暗さ・**柔らかさ**、長母音(う)：アクティブ感・**安定感**
ふくはる香	ふ：**膨らみ**・**柔らかさ**、く：窮屈さ、は：**明るさ**・開放感・**柔らかさ**、る：—、か：強大さ
ふくあや香	ふ：**膨らみ**・**柔らかさ**、く：窮屈さ、あ：**明るさ**・開放感・強大さ、や：**明るさ**・開放感、か：強大さ
もういっこ	も：**柔らかさ**・強大さ・暗さ、長母音(う)：**アクティブ感**・安定感、い：**鋭さ**・明るさ・窮屈さ・強大さ、っ：スピード感・**軽快感**、こ：強大さ

注：1) 拍ごとの音象徴は越川[9]および城戸[10]に依拠した。また、音象徴が特定できないものを—とした。
2) 育成者の意図に近似していることを品種ごとの特徴と捉え、特徴が表れているものに下線を付し、太字とした。

[7]、Klink [8]）という知見からも裏付けられるように、強大さや開放感、安定感がすべての音から感じられる。「ふくはる香」は「ふ」音の膨らみや柔らかさと、「は」音の明るさと柔らかさがある。「ふくあや香」は「ふ」音の膨らみや柔らかさと、「あ」音と「や」音の明るさがある。「もういっこ」は「も」音の柔らかさ、長母音の安定感、「い」音の鋭さ、促音の軽快感があり、越川 [9] の指摘する効果的な音象徴を含んでいる。

品種名の音象徴によれば、イチゴの品種名には爽やかさや柔らかさといったイメージが付随する傾向が認められる。また、「あまおう」のように、強大さや開放感、安定感をもたらす音のみから構成される品種名は他の品種とは異なった印象を与える。

(3) 品種名に対する消費者の評価

1）グループインタビューの結果

グループインタビューの結果は表 5-7 のとおりである。

示唆的イメージのうち、育成地名や「乙女」「ほっぺ」「甘」「春」「香り」は、直接的・間接的のいずれもが消費者に伝達されている。また、こうしたイメージは学生と主婦による違いはなく伝達されていた。さらに、「もういっこ」が「もう一個」を意味していることや「イチゴらしくない」「面白い」「インパクトだけはある」といったネーミングの遊び・面白みが評価されていた。

音象徴については、「さちのか」「さがほのか」「ふくはる香」のさわやかさ、「さちのか」の優しさ、「あまおう」の力強さ、「ふくはる香」の柔らかさも指摘されている。このうち、音象徴からあらかじめ予想されていたのは「さ」音の爽快さ、「あ」「お」の強大さ、「ふ」「は」音の柔らかさである。

その他、「ほのか」「はるか」「あやか」といった Brendl et al. [5] に示されているような人名との関わり、「～のか」という名前がなぜつくのかという疑問、「ふくはる香」と「ふくあや香」の識別性の低さが指摘されている。とくに、「ふくはる香」と「ふくあや香」については、5 文字中 2 文字が異なるのみであり、酷似している品種名の組み合わせだが、「ふくはる香」が好意的な意見が比較的多いのに対して、「ふくあや香」では否定的な意見が多く得られた。また、これ

表 5-7　グループインタビューから抽出された品種名に対する印象

品種名	学生グループ	主婦グループ
とちおとめ	乙女がかわいい / 栃木の「とち」だと思う / イチゴだから乙女っぽい	栃木 / 乙女だからかわいい / 定着してる
さちのか	優しい感じ / さわやか / いい名前だと思う / どういう意味かわからない	幸せのさち / イチゴのイメージがない / 甘そうではない / 作った場所はわからない / ○○のかって似てる / さがつくから佐賀県なのかな
さがほのか	作ったところはわかる / 「ほ」がさわやか / 人の名前っぽい / 濁音が駄目	ほのかに香る感じ / 佐賀県だとわかる / やっぱりイチゴは香り / なんで「のか」ってつくのかな
紅ほっぺ	ほっぺの赤い子供を連想してかわいい / いい名前だと思う / おいしそう / 覚えやすい / 語呂がいい / かわいい	赤くてかわいい / ほっぺがかわいい / サツマイモみたい / 赤いから紅っていう漢字は有り
あまおう	おいしそう / 力強い / 覚えやすい / 甘いと王だから / ストレート / 味が入っていておいしそう	甘い王様 / 粒の大きいイチゴ / 男性的なイメージ。乙女と逆 / 迫力がある / 目で見たインパクトがある
ふくはる香	はるかって人の名前 / 味が入ってない / 春のイメージ / さわやか / 柔らかい感じ / かわいい / 福岡が有名だから福岡かと思った / 漢字がこの読みでいいのかなって思う	福島のって感じ / 春っぽい / 香っていう字がイチゴの香りを連想させる / 名前がかわいい / 一文字漢字が入るとインパクトが違う
ふくあや香	家族の名前なので好き / あやって何 ?/ 完全に人の名前 / おいしいイメージはない / さわやかじゃない / ふくはる香を覚えるとふくあや香は覚えられない	あやかが名前みたい / お米だかなんだかわからない / 頭の中にイメージが膨らまない / あやって何 ?/ ふくはる香とふくあや香はどっちか無くても
もういっこ	もう一個食べたいということだろうとは思う / これ好き / 凝ろうとしてるけどストレートすぎ / 面白いと思う / イチゴじゃないみたい	おいしいかも / もう一個食べたくなるってこと ?/ イチゴっぽくない /1 回は食べてみたい / インパクトだけはある / お菓子のイメージ / 期待する名前

らの品種では音に加えて、「香」の一文字だけが漢字であることについて、学生グループにおいて読み方がこれでいいのかという意見があり、主婦グループでは一文字漢字が入るとインパクトが違うという意見が得られている。漢字については、「紅ほっぺ」においても用いられているが、イチゴが赤いために紅という漢字には肯定的な意見が得られた。

2)質問紙調査の結果

ネーミングの示唆的イメージと音象徴、グループインタビューから得られた印象を検証するため、これらの分析結果から表 5-5 に示した 13 の質問項目を抽出し、これらの項目について、それぞれ、「非常にそう思う」を ＋3、「どちらでもない」を 0、「全然そう思わない」を −3 として示された 7 段階の評価スケールから 1 つを選択するという方法で、質問紙調査によりデータを収集した。

質問項目のうち、「いい名前だ」については、品種名そのものの良し悪しを直接的に示すと考えられるため、総合評価として用いる。表 5-8 は、その平均値と品種間の多重比較の結果であり、「とちおとめ」「紅ほっぺ」「あまおう」において高い評価が得られている。また、その他の質問項目について、ネーミングの意図や工夫が消費者にどの程度伝達されているのか、また、そうした評価が好意的に受け取られているかといった、「いい名前だ」に影響する要因を解析することも重要であり、この点については、重要度・影響度分析を援用する[2)]。

表 5-8　品種名の総合評価

品種名	平均値
とちおとめ	1.03[a]
紅ほっぺ	0.83[ab]
あまおう	0.68[abc]
ふくはる香	0.37[abcd]
ふくあや香	0.17[bcd]
さがほのか	0.14[bcd]
さちのか	−0.09[d]
もういっこ	−0.13[d]

注：ポストホックテストの結果、同一符号間で Scheffé の方法により有意水準 5% で差がない。

調査項目のうち、総合評価である「いい名前だ」と、「いい名前だ」との共通性が低い「野暮ったい、ダサい」を除いたものについて因子分析を行った。調査項目の因子負荷量から、第 1 因子は「親近性」、第 2 因子は「イチゴらしいイメージ(以下、イメージ)」、第3因子は「イチゴらしからぬ工夫(以下、工夫)」を意味すると推定される(表5-9)。

8品種それぞれについて、これらの調査項目の評価の平均値を合致度として、また、「いい名前だ」に対する偏相関係数を貢献度として、それぞれ合致度を縦軸、貢献度を横軸として2軸上にプロットする。なお、合致度については、絶対値が0.5以上である場合に育成者の意図や工夫に合致し、また、貢献度については、偏相関係数が統計的有意性をもつ場合に「いい名前だ」への影響があるものとして、品種ごとに合致度と貢献度のいずれかが基準を満たす項目について分析した。合致度が負の場合も命名者の意図や工夫に合致しているとするのは、品種によってはネーミングによる差別化を意図している場合もあり、調査項目によっては当てはまらないことが命名者にとって望ましい場合があると考えられるためである。図5-1に示したように、合致度と貢献度がいずれも正、

表5-9　調査項目の因子分析結果

調査項目	第1因子	第2因子	第3因子	共通性
	親近性	イメージ	工夫	
おいしそう	**0.617**	0.361	0.277	0.588
おぼえやすい	**0.884**	0.127	0.227	0.849
親しみがもてる	**0.723**	0.431	0.269	0.781
声に出してよみやすい	**0.636**	0.283	0.147	0.506
かわいい、かわいらしい	0.233	**0.645**	0.241	0.528
イチゴらしい	0.375	**0.587**	0.125	0.502
さわやかだ	0.123	**0.687**	0.137	0.507
作ったところがわかる	0.123	**0.491**	−0.226	0.307
凝っている	0.106	0.140	**0.538**	0.320
ユーモアがある、面白い	0.229	0.051	**0.869**	0.811
力強い	0.261	−0.021	**0.385**	0.217
因子負荷量の二乗和	2.446	1.909	1.560	
累積寄与率(%)	22.2	39.6	53.8	

注：「いい名前だ」と共通性の低い「野暮ったい、ダサい」を省いた11項目について、バリマックス回転後の因子負荷量を示し、値が大きいものを太字とした。

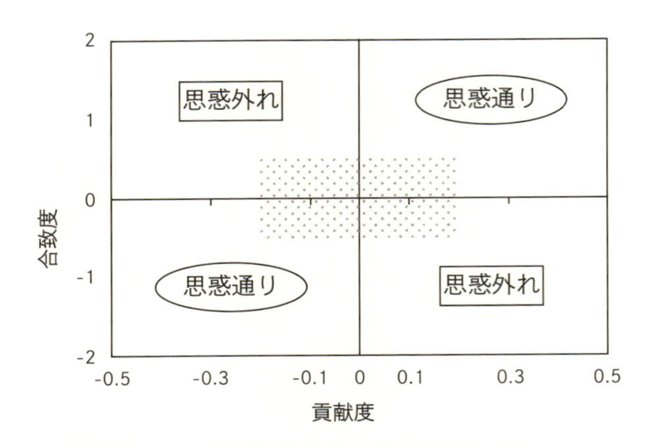

図 5-1　合致度と貢献度による評価と命名者の思惑

注：合致度と貢献度により、消費者の評価が命名者の思惑との関係を示した。また、分析から割愛する合致度の絶対値が 0.5 未満かつ貢献度が統計的有意性をもたない範囲を網掛けで示した。

あるいは、いずれも負の場合は育成者の思惑通りの評価が得られており、合致度が正かつ貢献度が負、あるいは、合致度が負かつ貢献度が正のときは育成者にとり思惑外れの評価が得られていると考えられる。いずれの基準も満たさない項目は割愛した。品種ごとの分析結果を図 5-2 に示す。

「とちおとめ」は、「いい名前だ」の評価がもっとも高い品種である。合致度・貢献度とも大きいのは、「おいしそう」「おぼえやすい」「かわいい、かわらいしい」「イチゴらしい」「さわやかだ」といった項目である。育成地名を示唆する

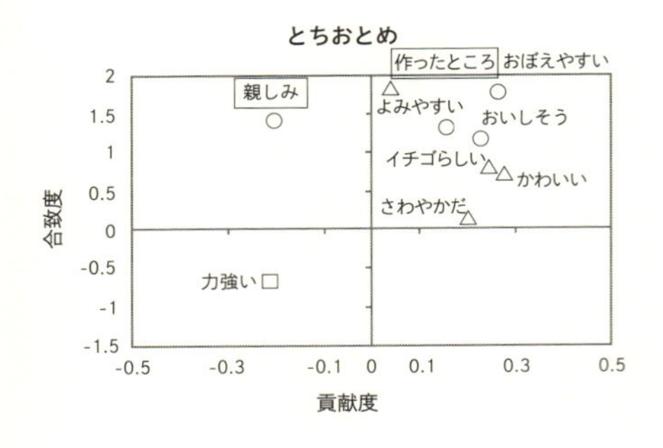

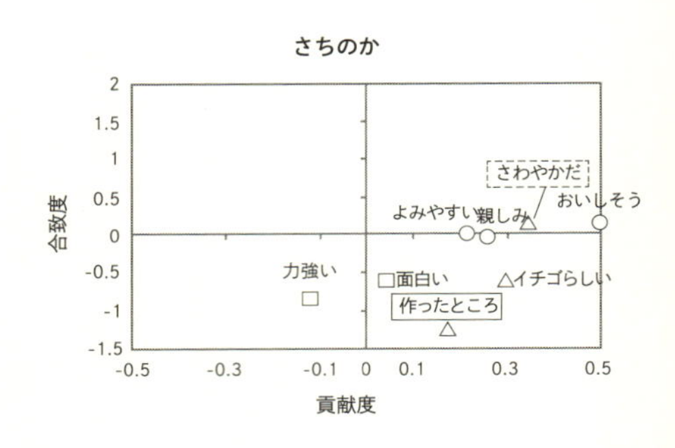

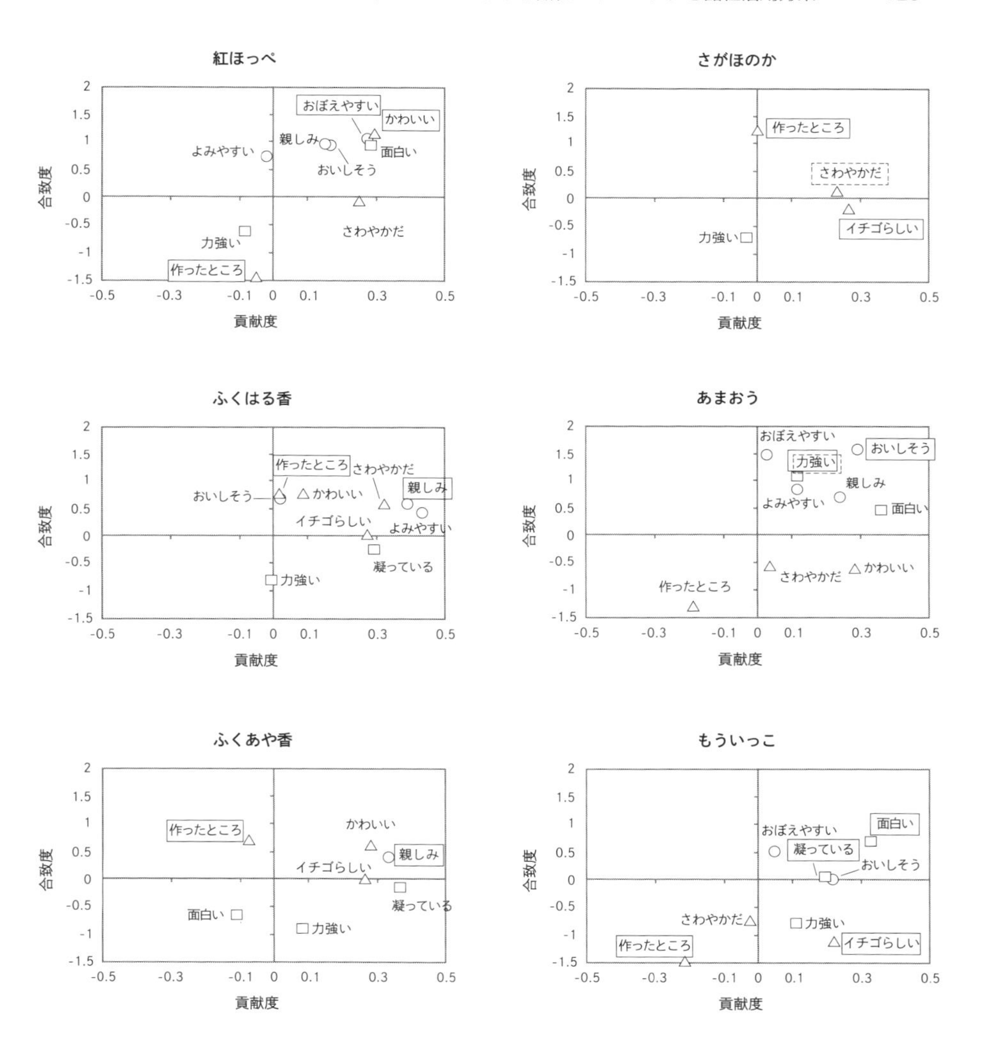

図 5-2　品種別の調査内容に関する合致度と貢献度

注：1) 項目別に、「非常にそう思う」を3点、「全くそう思わない」を -3 点とした7件法による平均値を合致度とし、項目「いい名前だ」に対する各項目の偏相関係数を貢献度とした。

2) 親近性因子に関する項目について○、イメージ因子について△、工夫因子について□で示した。

3) 育成者の意図および示唆的イメージに該当する項目を実線、音象徴に該当する項目を破線で囲んだ。

「作ったところがわかる」の合致度は大きく、育成地によるネーミングの意図については伝達されているものの、「いい名前だ」への影響は0と有意な差はみられない。また、「親しみがある」については、合致度は大きいが貢献度が負であり、親しみがあることが「いい名前だ」の評価に結びついていない。因子ごとにみると、プロットされたなかで唯一の「工夫」因子である「力強い」が第3象限に位置している。このことは、「とちおとめ」はイチゴの女性的なイメージを訴求するネーミングが消費者の評価と一致しており、育成者の思惑通りと評価できる。

「さちのか」は、合致度が「どちらでもない」をあらわす0に近い項目が多い。しかし、「おいしそう」「さわやかだ」の貢献度は大きく、とくに、「さわやかだ」の評価については、音象徴が機能していると考えられる。また、「作ったところがわかる」の合致度が負であることは、育成者の意図である産地を特定する字は加えないというネーミング方針を反映している。

「さがほのか」は、「さわやかだ」の合致度が大きくないが正であり、貢献度も大きい。「さちのか」と同様に、音象徴から爽快さがもたらされ、品種名全体の印象に貢献していると考えられる。また、「作ったところがわかる」の合致度は大きく、育成地名の示唆が伝達されているものの、「いい名前だ」への影響は0と有意な差はみられない。さらに、「さがほのか」の「親近性」因子については、合致度と貢献度からプロットされない結果となった。

「紅ほっぺ」もまた、「いい名前だ」という評価の高い品種名である。第1象限に「おぼえやすい」「かわいい、かわいらしい」「ユーモアがある、面白い」という3つの項目がプロットされている。また、貢献度は0と有意な差はみられないが、「おいしそう」「親しみがある」「よみやすい」の合致度が大きい。かわいらしさと覚えやすさは育成者の意図でもあり、ネーミングの意図が効果的に伝わっていると考えられる。さらに、「作ったところがわかる」の合致度は負であり、ネーミングの意図である「地方色がないこと」と一致しているが、貢献度は0と有意な差はみられず、「いい名前だ」には影響していない。

「あまおう」については、「おいしそう」の合致度・貢献度とも大きく、食味の良さという果実品質を前面に出したネーミングが「いい名前だ」という高い評価につながっている。また、示唆的イメージと音象徴のいずれとも関連する「力強い」についても、8品種中唯一、第1象限にプロットされている。因子ごとにみると、「親近性」と「工夫」因子の合致度が正、「イメージ」因子の合致度が負である。とくに「イメージ」因子の合致度がすべて負であることは、「とちおとめ」と逆の結果である。

「ふくはる香」は、育成地によって、福島県のイメージと親しみやすさが意図されている。「親しみやすい」については、合致度・貢献度とも大きく、育成地の意図が伝達されている。また、「作ったところがわかる」については、合致度は「親しみやすい」と同程度の水準であるが、貢献度については0と有意な差はみられない。また、第1象限では、「さわやかだ」について、合致度・貢献度とも高い。

「ふくあや香」もまた、育成地によって、福島県のイメージと親しみやすさが意図されているが、「親しみがある」の合致度・貢献度が正であり、「作ったところがわかる」の合致度が正であるが貢献度が有意でないことは「ふくはる香」と同様の傾向である。「ふくあや香」においては、「かわいい、かわいらしい」の合致度・貢献度が高く、品種名の特徴となっている。

「もういっこ」は、第1象限において原点からもっとも遠くプロットされているのは「ユーモアがある、面白い」であり、品種の特徴を示す項目と考えられる。また、「イメージ」因子である「作ったところがわかる」「さわやかだ」「イチゴらしい」の合致度はいずれも負であり、違った視点でネーミングをしたいという意図が評価にも明確に表れている。とくに、「作ったところがわかる」については第3象限に位置しており、「いい名前だ」に対する負の貢献度も有意である。このことは、育成地名がわからないことがむしろ「いい名前だ」という評価を上げることを意味しており、育成地名を示唆しないというネーミングの意図が好意的に捉えられていることを示している。

(4) 示唆的イメージと音象徴の評価

育成者の意図や示唆的イメージ、音象徴が、消費者に対して特定のイメージを類推させることが可能であるのか、また、育成者の意図やイメージ、語感は消費者に伝達されているのか検討した結果について以下に示す。

育成者の意図については、「とちおとめ」「さがほのか」「ふくはる香」「ふくあや香」における育成地の示唆、「あまおう」における食味と王様のイメージ、「紅ほっぺ」におけるかわいらしさが消費者に伝達されている。

示唆的イメージは、育成者の意図によって込められたものが反映するため、育成者の意図と重複するものが多いが、グループインタビューにおいて表れた「さがほのか」「ふくはる香」「ふくあや香」の人名との関連性の指摘については、育成者の意図に明確に示されていたものではなく、女性の名前の示唆的イメージが好意的な印象や覚えやすさ、親しみをもたらすものと推察される。Brendl et al. [5] が指摘するような、名前文字効果が品種名についても認められるといえよう。また、この名前文字効果は、育成地名の示唆が地元である場合にも消費者にとってニーズを高める可能性がある。

音象徴については、「さ」音によってもたらされるさわやかさが「さちのか」「さがほのか」において、また後舌母音によってもたらされる大きい、丸い、重いといったイメージがとくに「あまおう」において消費者評価にも表れていると考えられる。音象徴の効果は、越川 [9] が指摘するようにネーミングの一側面であるが、分析結果は音象徴によるイメージの伝達を支持するものであった。

育成者の意図や示唆的イメージ、語感がもたらす品種名の評価を検証するために行った質問紙調査から、「いい名前だ」と評価されているのは「とちおとめ」「あまおう」「紅ほっぺ」といった品種名であった。この評価は、「おいしそう」「おぼえやすい」「かわいい、かわいらしい」「面白い、ユーモアがある」といった項目と相関が強い。育成者の思惑通りの評価が得られていると考えられる第1象限には「親近性」因子の項目が多く表れる傾向にある。

個別の品種名では、育成地名の示唆について、「とちおとめ」では、大産地である育成地名をアピールすることが育成者の意図や示唆的イメージにも示されており、品種名に含まれるのが「とち」という、示唆する単語の一部だけであるにも関わらず、消費者評価から栃木県のイメージが明確に伝達されている。また、「さがほのか」においても佐賀県のイメージが伝達されている。一方、育成地名の一部が含まれている「ふくはる香」と「ふくあや香」については、福島県であることが伝達されているが、同時に福岡県ではないかという誤解も生じている。先に表5-1に示したように、福岡県と福島県は産地規模が大きく異なり、「ふくはる香」「ふくあや香」は、ほぼ福島県内でのみ流通している。そのため、福島県内では育成地名の一部が示唆されても育成地が連想されやすいが、こうした育成地の示唆は福島県内においてのみ有効であると考えられる。

「あまおう」では、「力強い」というイメージが消費者に評価されているが、他の品種ではこの項目は「いい名前だ」という評価と負の相関をもつ場合もある。また、「あまおう」において、「イメージ」「工夫」因子の評価が「とちおとめ」と正反対であることは、2大産地として鎬を削ってきた両産地の市場におけるポジショニングがネーミングに表れていると考えられる。

ネーミングの遊び・面白みが特徴である「もういっこ」は、「面白い、ユーモアがある」という評価に加え、「作ったところがわかる」という項目について、育成地のネーミングの意図に示されている地名を付けないことによる違った視点でのネーミングが消費者に肯定的に評価されている例といえる。なお、「イメージ」因子である「作ったところがわかる」、「工夫」因子である「面白い、ユーモアがある」については、多くの品種で同じ象限には表れず、育成地名の示唆と遊び・面白みが両立しないことを示唆している。

また、示唆的イメージの多くは消費者に伝達されるが、そのことは必ずしもいい名前だという評価にはつながっていない。とりわけ、イチゴの品種で行われることが多い、県外許諾と密接にかかわる要素である育成地名の示唆は、いい名前だという評価への相関が弱く、消費者に育成地の伝達はされるものの、アピールとしては限定的と考えられる。

2. 品種活用方策の類型化

(1) 県外許諾と産地規模による分類

イチゴは販売時点で品種名が表示されるため、棚に並べられる限られた選択肢から外れた品種は販売機会を失う。したがって、産地が品種を選択するにあたっては、各品種は無差別とならず、出荷する市場における品種や産地シェアの構成は非常に重要な要素となる。

市場シェアについては、都道府県が品種を育成することの優位性は、育成した品種が一定規模の市場シェアを得ることができる場合に生じるのであり、一定規模の市場シェアを獲得できなければ育成した品種は一般的な流通チャネルから外れるため、産地は都道府県が育成した品種を選定せず、結果として栽培は縮小せざるを得ないことが予想される。

また、新たに育成された品種は知的財産であり、他県も含めた産地に対して栽培を許諾し、種苗生産を統制することによって、育成した都道府県は便益を得ることができる。一方、県外許諾を行わず地域限定生産を行うことには、栽培管理の指導を行き届かせて果実品質を統制することや、その産地でしか作られていないという希少性をアピールできるなどの利点があり、果実品質の統制と希少性のアピールのいずれの場合も市場の主流品種[3)]に対抗するブランドとして差別化を図ることができる。

2大産地である栃木県と福岡県は、それぞれ「女峰」「とよのか」で東西の横綱と評される市場シェアを築いていたため、短期間に品種更新を完了することで「とちおとめ」型戦略と「あまおう」型戦略による最大シェアの確保と製品差別化がそれぞれスムーズに機能したと考えられる。さらに、栃木県による「とちおとめ」の県外許諾は、市場での販売機会を増やすために周辺の複数産地に「とちおとめ」の選択を促し、東日本の市場において主流品種としての地位を確立することによって品種育成の便益を得る戦略と捉えられる。

都道府県が新たな品種を育成・活用して産地振興を図る場合、与件としての市場における品種や産地の構成に対応した戦略が必要となる。一般的な製品市場においては、標準化された規格が競争関係に大きな影響を及ぼすことがある。自分以外のユーザー数が増加することによって、その製品から得られる便益が増大することを「ネットワーク外部性」と呼ぶが、このネットワーク外部性が強い市場においては、価格や品質といった商品特性ではなく、シェアをめぐる競争が起きており、大きなシェアを先に得た規格がデファクト・スタンダードとして標準化される。ここでは、白石［11］による規格の標準化プロセスに基づきながら、イチゴにおける都道府県が育成した品種の競争関係を見ていくこととしよう。白石［11］は、規格の標準化プロセスのケースを分類し、標準設定に関する何らかの関心と特定の標準そのものに関する選好がいずれも高い場合を「コンフリクト」4)とし、この場合においてネットワーク外部性が強い性質をもつために競争関係からデファクト・スタンダードが成立しやすいとしている。品種の育成主体である都道府県にとって、市場の標準となる品種設定に関する関心については、品種が明確に知的財産と位置付けられており、かつ、各地で積極的な育成が見られることからも高い関心がある。また、特定の標準そのものに関する選好についても、品種名が販売時点で表示されており、かつ、土壌条件や気候条件に対応するために品種の選択が有効であるという品種のもつ特徴によって、栽培の主体による品種の選択が１品種に集中したり、反対に栽培主体によって品種が無差別となったりすることが考えにくいことから選好も高いと判断される。したがって、イチゴの品種については「コンフリクト」のケースに当てはまると考えられる。こうした市場においては、商品特性による優位性よりも早期のシェア拡大が重要であり、ポーターの基本戦略として知られるコストリーダーシップや製品差別化とは異なる戦略的原則が合理的である。こうしたイチゴ市場における特徴を踏まえると、品種間の競争関係のもとで、早期のシェア拡大によって、市場における標準的な品種としての地位を確立するという育成地の戦略が有効的と考えることができるため、本章では「とちおとめ」の県外許諾を、市場における主流品種としての地位を確立するための戦略的行動と捉える。

斎藤[12]は、公的研究機関の役割と都道府県の生産・販売戦略について、栽培を県外に許諾する公益的戦略の「とちおとめ」型と、都道府県内または地域限定生産に商標登録を併せた産地ブランド化戦略の「あまおう」型があり、中規模以上の産地で「あまおう」型品種の増加による品種の飽和化によるブランドの生き残り競争に発展することを予想しており、県外許諾を公益性の視点から評価している。その一方で、県外許諾は品種間の競争を優位に進め、市場シェアを確保するための手段としての性格をもつとしている。本章では、この点を重視し、特定の産地と独立して育成される国・独立行政法人の栽培許諾を、公益的戦略として位置づける。

以上の点を踏まえ、栽培許諾の有無と産地規模を指標とし、育成地による競争優位を目的とした品種の活用方策を類型化する。

まず、県外許諾を行わず、地域内限定生産を行う方策は、地域のブランド化を目指すという方向性が同じであるため、規模に依らず「囲い込み型」とする。

これに対して、県外許諾を行う方策は、産地規模によって2つのタイプに分類できる。1つは既に大きなシェアを得ているタイプであり、知名度の高い産地として品種更新をスムーズに行い、県外許諾によって得た大きな市場シェアを背景として他産地の品種更新も促すことによって市場内の影響力を維持するもので、これを「展開済み型」とする。もう1つは既に大きなシェアをもつ競合産地が市場に存在する場合に、育成地が育成品種のシェア拡大を目標とし、その手段として県外への栽培許諾によって他産地の生産力を活用しながら栽培面積の拡大をねらうタイプで、これを「新展開型」とする。

また、国・独立行政法人が品種を育成している方策を「公益型」とする。

これらの品種について、東京都中央卸売市場における品種別、育成産地別の金額シェアと単価を表5-10に示した。本章では福島県内の消費者を調査対象としているが、品種別のデータが公表されているのが東京市場のみであるため、育成地規模と許諾の有無が市場の金額シェアと単価にどのように影響しているかが明らかになると考えてこのデータを利用する。

表5-10　東京都中央卸売市場における分析対象品種のシェアと単価

品種名	品種別		育成地	育成産地別	
	シェア(%)	単価(円)		シェア(%)	単価(円)
とちおとめ	46	971	栃木県	34	998
さちのか	—	—	農研機構	—	—
さがほのか	13	1,015	佐賀県	13	1,017
紅ほっぺ	9	1,004	静岡県	7	1,056
あまおう	21	1,281	福岡県	21	1,281
ふくはる香	—	—	福島県	0	879
ふくあや香	—	—			
もういっこ	—	—	宮城県	1	948

注：2010年の「東京都中央卸売市場月報」に基づく。

(2) 類型ごとの品種名の特徴

1) 県外許諾を行っている都道府県育成品種

県外許諾されている「とちおとめ」は「展開済み型」に該当する。「とちおとめ」は、全国でもっとも多く生産され、市場の主流品種となっているが、育成地名の示唆が消費者に伝達されていることは、かつて東の横綱といわれた「女峰」の主力産地として栃木県が多くの消費者に知られているためと推察される。また、「おとめ」という語による女性的なイメージの示唆は、他産地で育成された品種でも追随されており、この品種の影響の大きさを示している。

「新展開型」は「紅ほっぺ」「さがほのか」「もういっこ」が該当する。産地規模が中規模以下である多くの都道府県は、2大産地である栃木県の「とちおとめ」と福岡県の「あまおう」を意識せざるを得ず、出荷市場における育成品種のポジションを得るためには品種特性に優れるだけでは不十分であり、県外許諾を行って作付面積を広げる「新展開型」戦略をとることが効果的である。その「新展開型」戦略と育成地を示唆するネーミングは必ずしも合致しない。育成地を示唆するネーミングの品種は、許諾を受ける側の産地にとっては他の産地名を冠した品種であるため、積極的な導入にはつながりにくく、シェア拡大には限界が生じるであろう。

「さがほのか」は、他県からの要望に応じて、シェア拡大を目的とした県外許諾を行い、佐賀県内外の作付面積が同程度にまで拡大しており、関西市場では大きなシェアを獲得している(佐賀県[13]、大串[14]、上田[15])が、育成地を示唆しない品種名であれば、より大きな市場シェアを獲得できた可能性もある。

「紅ほっぺ」は、「京浜市場で売るため」という明確な販売戦略に基づいて、育成地名を示唆しないことと県外許諾により、産地戦略と合致したネーミングとなっている。東京市場のシェアにおいても、品種別のシェアが育成地のシェアをわずかながら上回っており、許諾による品種シェアの拡大がみられる（前出、表5-10）。また、育成者の意図である「かわいらしさ」についても「紅色」と「ほっぺ」を示唆することによって伝達されている。さらに、「紅ほっぺ」の販売戦略とネーミングの整合は、品種名候補が育成機関内部からも提案されていることも理由の一つと考えられる。

「新展開型」の「紅ほっぺ」「もういっこ」は、いずれも育成地を示唆していないため、他県で許諾を受けて栽培するには抵抗が少ないと評価できる。また、前出した図 5-2 において示されているように、ネーミングにおいては「工夫」因子、とりわけ「ユーモアがある、面白い」に対する回答が、「いい名前だ」という評価につながっている。しかし、「もういっこ」では「いい名前だ」という評価が低く、「新展開型」においては、こうした直接に遊び・面白みを伝達するネーミングの効果は限定的と推察される。

「新展開型」は、県外許諾による市場シェアの獲得という育成品種の活用方策として、中～小規模の産地が目指す姿の一つを示していると考えられるため、ネーミングにおいては育成地名を示唆せず、既存の品種に対して特徴のある品種名を考案する必要があろう。

2) 県外許諾を行わない都道府県育成品種

「囲い込み型」戦略は地域限定生産を行ってブランド化を図るものであり、ネーミングにおいて差別化ポイントを明確にする必要がある。ブランド化を図るという方向性は同じであるが、育成産地の規模によって、求められる方策とネーミングは異なるため、育成産地の規模が大きい場合を「囲い込み型Ⅰ」、育成産地の規模が中～小の場合を「囲い込み型Ⅱ」とする。

「囲い込み型Ⅰ」に該当する「あまおう」は、西の横綱と評された大規模産地である福岡県が育成した品種であり、産地の高い知名度や甘みと大果性を反映した力強さが示唆され、この力強さを差別化ポイントとする産地戦略が品種のネーミングに反映されている。表 5-9 に示したように「あまおう」は市場でも高単価で取引されており、店頭での販売価格も高く、プレミアム品種としての地位を確立している。一般的に女性的、かわいいといったイメージをもつイチゴにおいて、大きな産地規模を背景とした「あまおう」のネーミングがもたらす男性的な印象は、他品種に対する差異化に寄与していると推察され、先に示した図 5-2 において市場の主流品種となっている「とちおとめ」と、「イメージ」「工夫」因子の座標が正反対の位置関係にあることはその裏付けと考えられる。本章において対象とした品種のなかで「囲い込み型Ⅰ」に該当するのは「あまおう」のみであるが、1都道府県で差別化をはかれるだけの生産規模がある産地は限られており、他の産地がこの戦略をとるにあたっては困難が予想される。そのため、ネーミングにあたっては十分に製品差別化が行えるだけの果実品質を備えていることが有効である。

「囲い込み型Ⅱ」に該当する「ふくはる香」「ふくあや香」は、育成地名を示唆することでブランド化をねらっている。小規模な産地であっても、高いシェアを確保できる地元市場においては、地元育成品種である点を差別化ポイントとした販売を行うことが可能である。この戦略では、育成地名を示唆するネーミングが、ここだけでしか手に入らないといった販売促進と合致して機能すると考えられる。しかし、育成地以外の産地が育成地名を示唆する品種の県外許諾を受けるには、Keller et al. [6] が指摘するように示唆的ブランド名がもつ再ポジショニングの困難性から、育成地名を示唆するネーミングがむしろ足枷となる。育成地名を示唆している「さがほのか」は、先に表 5-9 に示したように、東京市場に出荷されるイチゴのほとんどを佐賀県産で占めるだけの産地規模を背景として、東京市場でも一定のシェアを得ており、2大産地に続く有名産地としてブランド化にある程度成功していると考えられる。しかし、小規模産地である福島県が京浜市場で一定のシェアを得ることは出荷ロットが小さいために困難であり、県外許諾を行ったとしても「ふくはる香」という育成地を示唆するネーミングでは他産地での積極的な栽培は難しいといえよう。

末澤 [16] は、キウイを対象として、多くの産地が高級化・ブランド化を志向した戦略のもとで品種や技術を囲い込んでいることに対し、複数産地の協力体制のもとで品種や技術の適切な評価と普及を行い、売り上げ増加につなげることで市場全体を育てることを述べている。イチゴの品種においても、地元市場に出荷先を限定し地元育成品種である点を差別化ポイントとすることは、市場のボリュームが小さく需要量が頭打ちになることも予想され、主流品種に対して差別化をはかるという販売戦略は生産の拡大には必ずしもつながらないと考えられる。末澤 [16] が指摘するような、複数産地の協力体制の下で市場全体を育てることも検討されるべきである。

3) 国・独立行政法人の育成品種

「公益型」には「さちのか」が該当する。「公益型」の品種名は特定の産地を示唆しない方が望ましい。関西市場においては「さがほのか」に次いで2番目のシェアを獲得(上田[15])している「さちのか」も育成地を示唆していないことで、全国の産地に広がることをねらいとした品種名であり、そうしたネーミングのコンセプトが育成機関内部からの候補提案によって徹底されて実現したと考えられる。

産地の規模によっては、品種の育成をあえて行わずに、「公益型」戦略の「さちのか」のような品種の栽培によって生産の振興につなげるという選択肢も検討されるべきであろう。

3. 品種の活用方策とネーミング

分析対象である8品種を、類型化した育成地の品種の活用方策に当てはめたものが図5-3である。図5-3に示された品種の活用方策は、それぞれの出荷

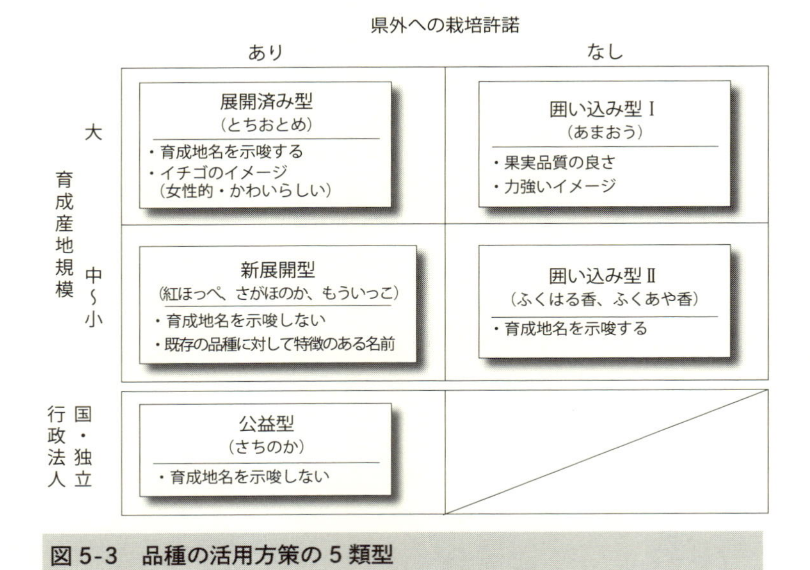

図5-3　品種の活用方策の5類型

注：カッコ内に該当する品種名、各類型の下部に該当する品種のネーミングの特徴を記した。

規模や市場におけるポジションによってもたらされる市場シェアに依存しており、その分類は流動的なものと考えられる。

本章の分析結果から、品種の活用方策と望ましいネーミングの関連について以下のようにまとめることができる。

「展開済み型」の品種は、今後もより優れた品種の育成と県外許諾、スムーズな品種転換によって市場における影響力を保つことができると考えられる。ネーミングにあっては、育成地名の示唆、カテゴリー適合性を訴求することが有効であろう。

「囲い込み型Ｉ」は大きな育成産地の規模を背景として、とくに優良な果実品質をもつ品種を活用して差別化を図るものである。したがって、この活用方策をとることのできる産地は限られているといえよう。ネーミングにあっては、競合する「展開済み型」の品種とは違う特徴を差別化ポイントとして示唆することが有効であると考えられる。

「囲い込み型Ⅱ」は育成産地の規模が中～小であるにもかかわらず囲い込みを行うものであるが、こうした戦略は生産拡大につながりにくいことが予想されるため、県外許諾を行って出荷規模を拡大するという「新展開型」への移行を検討すべきと考えられる。地元育成品種としてブランド化を図るのであれば育成地名を示唆すべきであるが、出荷規模を拡大することによる「新展開型」へのシフトを想定しているならば育成地名を示唆すべきでない。

「公益型」においては育成地名を示唆するべきではなく、市場で競合する品種に応じてカテゴリー適合性を訴求するか、品種の特徴が伝達されやすいネーミングを行うべきである。

第４節　考察

新たな品種の育成に当たっては、産地戦略における品種の活用方針との整合性が求められる。自らの産地規模に基づく出荷市場におけるポジションを明確化し、販売において品種をどのように活用するかという戦略に基づいて、品種育成の必要性の判断や育種目標の設定が行われることが望まれ、そうした戦略と整合したネーミングが求められる。

ネーミングの特徴を消費者調査によって検証した結果から、育成者の意図や示唆的イメージ、音象徴は、消費者に対して特定のイメージを類推させることが可能であり、育成者の意図や示唆的イメージ、語感の多くが消費者に伝達されている。

中規模以下の多くの産地においては、既存の産地や品種に影響を及ぼす市場シェアを初めから獲得するのは困難であり、育成品種の活用に当たっては、差別化ポイントとして地元市場において地元育成品種であることを訴求する「囲い込み型Ⅱ」を志向するのか、県外への許諾を行って幅広く産地を拡大することで市場シェアを高める「新展開型」を志向するのかを判断した上で品種名を決定する必要がある。育成地を示唆することの是非は、そうした産地戦略との関連で検討されるべきであり、全国的に広がりをもつ「公益型」品種を選択し、独自の品種を育成しない選択肢も検討する必要がある。また、そうした産地戦略と合致したネーミングを行うために、公募だけでなく、育成機関の内部から品種名の候補を提出することも加えられるべきである。

また、分析結果から、「いい名前だ」という評価に貢献しているのは、「おいしそう」「おぼえやすい」「かわいい、かわいらしい」「ユーモアがある、面白い」といった項目である。とくに「親近性」因子を構成する項目は合致度・貢献度とも高く、「親近性」に「イメージ」「工夫因子」を組み合わせることがネーミングの方法の一つとなり得るだろう。

さらに、音象徴による語感もまた、品種名に影響を与えていることが明らかとなった。音象徴については事前に考慮することは難しいと考えられるが、品種名の候補を検討する段階では、音象徴による語感は消費者へのイメージの伝達を検証する有効な手段となるであろう。

こうして検討された品種名の候補について、育成地の意図が消費者に伝達されているかの確認も必要である。例えば、「ふくあや香」は、ネーミングに込められた思いである「酸甘あやなす香味」が伝達されておらず、「ふくはる香」と名前が酷似していることから識別性がないことも消費者評価に表れているが、本章で用いた分析手法を利用して品種名の候補を事前に検討することができれば、より好ましいネーミングができたと考えられる。

品種名の決定に当たっては、ネーミングが先行し、品種の活用方針がいわば後付けで考えられていたために、県外許諾できる品種であるにもかかわらず、他産地が導入に抵抗のある育成地名の示唆といった不一致が起きていると考えられる。イチゴにおいては、多くの場合、都道府県が産地振興と品種の育成を担っているため、産地戦略と整合的なネーミングを行い、地域産品のブランド化につなげることが可能であり、本章の結果はそうしたネーミングに寄与すると考えられる。

注 ――――――

1）「あまおう」は全国農業協同組合連合会が商標権を有する商標名であり、品種名は「福岡S6号」であるが、本研究では「あまおう」を便宜的に品種名とみなす。
2）本章における各項目の合致度と貢献度をプロットする方法については、商品開発等の分野で用いられている重要度・影響度分析（CS分析あるいはCSポートフォリオ分析とも呼ばれる）を援用したものであり、ネーミングにおける調査内容の各項目を属性とし、各質問項目に表れる品種名の特徴を明らかにするために用いる。
3）本章では、市場の占有率が高く、果実品質や栽培特性について主流と位置付けられ、品種の育成においても比較対象となり得る品種を指す。
4）他のケースは、関心が高いが選好の低い「純粋調整」、関心が低く選好の高い「私的財」、関心と選好のいずれも低い「公共財」の３つである。

引用文献 ――――――

[1] 織田弥三郎（2009）「栽培イチゴ（1）」『日本食品保蔵科学会誌』第35巻第２号、pp.95-102.
[2] 黒川伊保子（2004）『怪獣の名はなぜガギグゲゴなのか』新潮社.
[3] 岩永嘉弘（2002）『絶対売れる！ネーミングの成功法則：コンセプトづくりから商標登録まで』PHP研究所.
[4] Robertson, K. (1989) Strategically Desirable Brand Name Characteristics. *Journal of Consumer Marketing*, vol.6 no.4, pp.61-71.
[5] Brendl, A.C. Amitava Chattopadhyay, Brett W. Pelham and Mauricio Carvallo (2005) Name Letter Branding: Valence Transfers When Product Specific Needs Are Active. *Journal of Consumer Research*, vol.32, pp.405-415.
[6] Keller, Kevin Lane, Susan E. Heckler and Michael J.Houston (1998) The Effects of Brand Name Suggestiveness on Advertising Recall. *Journal of Marketing*, vol.62, pp.48-57.

[7] 朴宰佑・大瀬良伸 (2009)「ブランドネームの発音がブランド評価に及ぼす影響 :Sound Symbolism 理論からのアプローチ」『消費者行動研究』第 16 巻第 1 号、pp.23-36.

[8] Klink, R.(2000) Creating Brand Names with Meaning: The Use of Sound Symbolism. *Marketing Letters*, vol.11 no.1, pp.5-20.

[9] 越川靖子 (2009)「ブランド・ネームにおける語感の影響に関する一考察 : 音象徴に弄ばれる私達」『商学研究論集』第 30 号、pp.47-65.

[10] 城戸真由美 (2010)「菓子類のネーミングにおける音象徴」『福岡女学院大学紀要 . 人文学部編』第 20 号、pp.43-65.

[11] 白石弘幸 (2004)「デファクト・スタンダードの経営戦略」『金沢大学経済学部論集』第 24 巻第 2 号、pp.159-179.

[12] 斎藤修 (2008)「地域ブランドをめぐる地財戦略と地域研究機関の役割」『地域ブランドの戦略と管理 : 日本と韓国 / 米から水産品まで』農山漁村文化協会 .

[13] 佐賀県 (2003)「知事定例記者会見 : 佐賀県が育成したいちごの品種「さがほのか」の利用権の県外許諾について」 (URL) http://saga-chiji.jp/kaiken/03-9-1/hapyou3.html (2011 年 11 月 4 日確認).

[14] 大串和義 (2007)「「さがほのか」を中心とした産地育成」『技術と普及』第 44 号、pp.54-56.

[15] 上田晴彦 (2011) 「市場から見たイチゴブランドの動向と販売戦略 : モモイチゴのこれまでを振り返りながら」『園芸学研究』第 16 巻別冊 2、pp.50-51.

[16] 末澤克彦 (2010)「世界標準とガラパゴス : キウイフルーツから日本の果物産業を想う」『果樹試験研究推進協議会会報』第 16 号、pp.22-24.

第６章
ブランド化戦略向け品種としての都道府県育成品種の評価

第１節　目的と課題

農産物のブランド化戦略にはいくつかの方向性があるが、その一つが、地元の住民に対して地元産であることを訴求するシナリオである。地元産であることはPOP等の表示でも伝達可能であるが、地元で育成された品種を活用することも消費者にアピールする手段の一つであり、同じ地元産農産物であっても、消費者にとって地元で育成された品種と、他県でも生産されているナショナル・ブランドとして位置付けられる品種との間では、消費者が異なる反応を示すことも予想される。地元産であることに加えて、地元で育成された品種であることを評価する消費者にとっては、産地育成品種であることが販売時点で表示されることによって差別化できる可能性があり、こうしたブランド価値構造における概念価値とされるストーリー性によって消費者との間により強固な関係性を形成することで、地元産農産物のブランド化戦略の構築に寄与するものと考えられる。しかし、こうした地元育成品種であるという情報が消費者の購買意思決定においてどのように評価され、商品選択行動につながっているかという点については、ほとんど議論されてこなかったため、産地としては地元育成品種を評価する消費者へのアピールや産地戦略への反映についても手探りの状態である。また、産地によって新たに育成された品種は、消費者にとっても新しい商品アイテムであり、新商品の市場への導入という視点でのマネジメントが求められている。このような地域農産物の販売には、首都圏をはじめとした遠隔消費地をターゲットとする場合と、産地と重なる範囲の消費地をターゲットとする場合、あるいはその両方をねらう場合が考えられる。本章では、消費地と産地が重なる場合に焦点を合わせ、地元育成品種の活用による地元産農産物のブランド化がどのようにして達成されるのかを明らかにすることを目的とする。

イチゴは一般的に販売時に品種名が表示されているため、産地の情報に加えて、品種の情報が消費者に伝達可能である[1)]。消費者のイチゴ選択において、産地が地元産であるということは消費者の効用を高めることが明らかとなっている（半杭 [1]）が、消費者に地元育成品種が知られていれば、品種の情報を手がかりとして消費者は地元産のイチゴを買うという購買意思決定を行うことができる。このように、店頭で表示される品種名には、消費者に育成地を伝達するという機能もある。この品種の機能は、消費者の居住地を地元産地とする場合において、地産地消との親和性があるため、地元育成品種に対する消費者の評価を分析することによって、地元産農産物のブランド化の可能性を検討できると考える。

地元産農産物をブランド化する方向性としては産地の情報も大きな役割を果たすと考えられるが、都道府県が主体となる農産物のブランド化における育成品種の役割を明らかにするため、本章では品種の情報のみに課題を限定して論じる。

ここで、品種の情報によるブランド化について以下に整理する。品種の情報には、購入の際の標識としての機能がある。すなわち、消費者は初めて見る品種に接した場合、何らかの理由でその品種の試し買いを行って食味に代表される果実品質と購入価格等とを勘案し、再度購入するかどうかを決定するが、再度購入する際には、品種を標識として過去の喫食経験に基づいて選択を行う。したがって、食味のような、購入後のみ評価可能な商品属性は、試し買いを行った後に検討されるのであり、育成された品種によるブランド化は、初めて見る品種に対しての試し買いを誘導する手段としての役割が大きいと考えられる。当然のことながら、2 度目以降の購入の場合も、優れた果実品質に適合したネーミングが行われることによって、その品種に対する消費者の態度が、より強固なものとなることが予想されるが、本章においては、品種の試し買いを誘導する手段としての機能を重視しているため、ブランド化の成立について、購買行動の継続性を要件としていない。

本章の課題は以下のとおりである。第1に、消費者調査の対象となる品種について、知名および喫食経験を調査する。新しく育成された品種は既存の品種に対して知名と喫食経験のいずれも低い水準と考えられるため、これを調査して分析の端緒とする。本章の核となるのが地元育成品種としてのブランド化の可能性であり、消費者行動をモデル化して分析を行う。この消費者行動モデルにおいては、既存の品種に対して差別化を図る品種として、地元育成品種と、有名産地である他県の育成品種を組み入れる。課題の第2として、消費者行動における好意的な態度の形成が購入意向につながることを検証し、また、好意的な態度を形成する要因を探索する。第3として、態度の形成要因が品種ごとの態度や購入意向にどの程度影響するのか解析する。

第2節　データと方法

1. データ

(1) 調査事例の選定

本章では、事例として福島県が育成したイチゴ品種を対象とする。福島県はイチゴ産地としては中くらいの産地規模であり、福島県外の市場への出荷量は必ずしも多くない。また、より規模の大きい産地と隣接していることから福島県内の市場においても他県産の入荷量が多いため、地元産としての福島県産イチゴの販売は今後も拡大の余地があるといえる。福島県はそういった環境の下で「ふくはる香」「ふくあや香」の2つのイチゴ品種を育成しており、標準的な品種である「とちおとめ」に加えてこれらの品種を生産し、「県オリジナル品種ブランド化推進事業」等によって福島県オリジナル品種のブランド化を進めている。なお、いずれの品種も福島県外への栽培許諾を行っておらず出荷が福島県内にほぼ限定されているため、品種の育成と地元産農産物としてのブランド化の主体を都道府県が担っている事例として評価が可能である。

本章では、福島県が育成した2品種のうち、作付面積も比較的大きい「ふくはる香」を分析する。「ふくはる香」は、甘みが強く、大玉で果型に優れるという特徴がある。販売時点では、大果性を活かした大玉に揃えたパッケージング[2)]、卸売市場による「とちおとめ」より高い価格設定、品種名を印字したフィルムの使用[3)]等、差別化を意図した取り組みが行われている。

(2)「ふくはる香」と「あまおう」への限定

福島県オリジナル品種の「ふくはる香」については、福島県内での生産および販売における標準的な品種である「とちおとめ」に対して差別化を図ることによるブランド化が福島県を主体として取り組まれている。こうした取り組みは、第3章で検討したように、「とちおとめ」に置き換えるシナリオでなく、サブ・カテゴリーを発見することによって後発ブランドとして競争優位性を獲得しようとする方向性とも整合的である。こうした視点から品種の評価を行うため、「ふくはる香」に加えて比較対象として「あまおう」を選び、調査地域を「ふくはる香」の育成地である福島県として消費者の調査を実施する。これら2品種は福島県内の市場において標準的な品種である「とちおとめ」に対し、「ふくはる香」は地元育成品種として、いずれも差別化を意図した販売が行われている。さらに、これら2品種は育成権者である福島県と福岡県が県外への栽培許諾を行わず、いずれも自県内に産地を囲い込んだ生産が行われているため、「ふくはる香」は福島県のみで、「あまおう」は福岡県のみで栽培されており、消費者の評価において、産地と品種の識別ができなくなるという恐れがない。また、福島県内における標準的な品種である「とちおとめ」を評価対象に加えないのも同じ理由による。

消費者の調査にあたって、被験者に与えられている情報は、品種名のみである。産地や価格といった他の商品属性や写真による外観品質等は、品種の情報によるブランド化を捉えるという本章の目的に照らして攪乱要因となるため省いている。また、その他の品種に関する情報である、2品種とも「とちおとめ」に対して差別化を意図した販売が行われていること、「ふくはる香」が福島県オリジナル品種であることも伏せられており、各品種に対する評価は被験者の喫食経験と品種名がもたらすイメージに依存する。

(3) 調査の概要

消費者調査の概要を表6-1に示した[4)]。調査対象は、福島県に居住する成人女性とした。女性に限定しているのは、食料品を購入する機会が多いためにイチゴの購入に関する判断が可能であると考えられるためである。標本の抽出と回答の回収にはインターネットを用い、日常的にスーパー等で野菜を買うことを条件としたスクリーニングと年齢による割り付けを行った上で、500件を回収した。調査期間は、イチゴの出回り時期を考慮し、2011年1月とした。調査項目は、地元産農産物といった場合の地元の範囲をどの程度と捉えるか、地元に対する意識、イチゴの選択にあたっての意識、品種ごとの意識の違いである。こうした調査項目について、ほとんどの設問において5段階の多項単一選択回答による回答方法とした。

表6-1　消費者調査の概要

項目	内容
対象	福島県に居住する成人女性
期間	2011年1月28日～30日
方法	ウェブ調査(属性絞り込み方式)
回収数	500件

注：実際の調査は首都圏の消費者と併せて実施した。ここでは福島県の結果のみを利用する。

2. 方法

(1) 品種選択におけるブランド・スイッチ

本章は、「とちおとめ」を中心とした市場の品種構成である福島県において、「ふくはる香」を対象として、地元育成品種としてのサブ・カテゴリーを発見することによって競争優位性を獲得しようとするシナリオを検討する。そこでは、消費者による既存の品種から「ふくはる香」への選好のスイッチが期待されるが、その理論的な背景となるバラエティ・シーキングについてここで整理する[5)]。

バラエティ・シーキングは、現象としては、特定の製品カテゴリーにおけるブランド・スイッチとして顕在化するものである。バラエティ・シーキングは、消費者行動論とマーケティング・サイエンスの2つの流れによって研究されてきた。消費者行動論における多様性行動をもたらす理由については、McAlister and Pessemier [2] によってその枠組みが示され、説明可能な個人の多様性行動が直接的な理由と派生的な理由によるものに分類できるとされている。このうち、直接的な理由とは、消費者が変化そのものを求める場合であり、既知の対象間でのスイッチ、未知の対象へのスイッチ、情報を得るためのスイッチがある(小川[3])。

消費者行動論におけるバラエティ・シーキングは、はじめ心理学領域における探索行動の一つとして捉えられた。探索行動とは、とくに学習心理学の分野で学習実験において示された、学習された反応パターンをとらない行動の一つであり、外的な報酬がなくとも行われるため、内発的に動機づけられた行動と考えられてきた。これに対して、土橋 [4] は、バラエティ・シーキング研究について整理し、学習された反応パターンをとらないバラエティ・シーキングが内発的動機づけによって起こる行動とする考え方を批判的に検討し、値引きや入手可能性といったマーケティング活動による外発的動機づけであってもバラエティ・シーキングに密接に関係することを指摘している。

バラエティ・シーキングを内発的動機づけと関係づけてきた先行研究において、理論的な基礎となったのが、最適刺激水準 (optimal stimulation level: OSL) である。最適刺激水準とは、個人の環境刺激に対する反応を特徴づける特性であり、人は刺激レベルに対して最適あるいは選好される水準をもつというものである。そこでは、環境刺激が最適水準を下回れば「飽き」の状態となり、新奇な刺激や複雑な刺激を求める行動がとられ、最適水準を上回ると刺激を減らして最適点を維持するように行動すると考えられている。バラエティ・シーキングは、理想的な水準を下回っているときに刺激を調整するために非反復購買を行うものと想定されるのである。

消費者を分類したアサエルのマトリクスによれば、バラエティ・シーキングは関与水準が低く、ブランド間の知覚の差異が大きい製品において起こり、そこでの消費者の購買プロセスは「認知→行動→評価」という順序となるとされている。バラエティ・シーキングが低関与水準で起こると考えられた理由として、購買パネルデータが低関与製品で集められやすかったこと、相対的に関与の低い製品は刺激が少なく、飽きられやすいと見做されたこと、バラエティ・シーキングがブランド・ロイヤルティと対比される概念として扱われたため、高関与であるブランド・ロイヤルティに対して低関与でバラエティ・シーキングが起こるとされたこと等があげられる(西原[5])。

西原［5］は、バラエティ・シーキングと関与水準について、ブランド・スイッチングという顕在的行動をとる消費者において、価格面だけを考慮する消費者に対して、製品カテゴリー内の他ブランドについて新奇性やバラエティを知覚するには、購買および消費の経験、知識を必要とするため、バラエティ・シーキングを行う消費者は一連の行動を通して情報処理を行っており、高い関与水準でもバラエティ・シーキングが起こり得ることを検討した。チョコレートを対象とした実験から、製品関与水準が高い消費者が一番多くチョコレートを購買し、さまざまなブランドを購買しており、バラエティ・シーキングが起こっている可能性を示した。また、一般的なブランドを変える理由についても、外部要因によるブランド・スイッチングや、「飽き」を解消するブランド・スイッチングが高い関与水準でも起こること、加えて、「食べ比べや味の違いを楽しみたい」「食べたことがないブランドは一度試してみたい」といった項目に対する高関与消費者の応答が多いことを示している。

田中［6］は、バラエティ・シーキングについて、十分に情報を集めて意思決定し効用を最大化するという、伝統的な経済学で仮定された功利的消費者像とは異なり、ブランドの選択が変化したことを楽しい記憶として留めているといった行動がとられていることを指摘し、外部手がかりによって引き起こされるブランド・スイッチである派生的変化購買行動とは関与水準が高い、という点で異なるとしている。

小野［7］は、消費者の関与概念について、多属性アプローチの概念枠組みの有用性を示し、製品関与と購買関与が製品選択と情報探索という消費者行動プロセスの異なる局面に影響を及ぼすために相関をもたないことを主張した。その上で、情報取得に関係する購買関与において、「試し買い」について情報の抽出、記憶保持、その後の関連購買における内部情報探索、想起を含むものとしている。

土橋 [8] は、バラエティ・シーキングの行動パターンには、達成型とコンサマトリー型の 2 種類があり、達成型は消費者個人の目的達成のために消費者の内的状態と外部環境の相互作用から生じる問題の認知によって始動され、コンサマトリー型は特定ブランドへの飽きや気分転換、新しいブランドを試したいといった消費者内部の動因によるもので、目的志向的な行動や外部の誘因の影響とは区別されるものであるとしている。

以上の先行研究を踏まえた上で、本研究におけるバラエティ・シーキングについて述べる。イチゴは全国で都道府県を主体とした品種の育成が行われており、多くの新品種が登場している。また、売り場においても品種名が表示されているため、品種名自体が消費者の選択の手がかりとなり、ブランドとして扱われ得る。第 2 章で示したように、消費者においては、イチゴの品種については知識がないものの、品種について知りたいと考えており、また、いろいろな品種を食べ比べたい、地元の品種を食べたいというニーズも存在している。こうした消費者の品種に対する積極的な意識は、情報探索や製品に対する愛着と結び付けて考えることが可能であり、高い関与水準を示唆するものといえるだろう。本研究において、バラエティ・シーキングとは、McAlister and Pessemier [2] による直接的な変化そのものに加えて、新奇性、多様性、好奇心によって生起した、高関与条件下におけるブランド・スイッチをもたらす消費者の内面として捉えられる。

(2) 消費者の態度

本章において明らかにしようとするのは、地元育成品種を活用したブランド化のプロセスであり、ブランド化については、消費者において同一のカテゴリーのなかで差異が認められ、購入意向が表明されることをもって成立するものとする。ここで、カテゴリーはイチゴであり、「ふくはる香」と「あまおう」の 2 品種において購入意向が表明される機序について、消費者の態度の形成から分析し、2 品種間における差異の有無を検証する。

消費者の意思決定に影響を与える要因はさまざまであるが、それらは、個人的差異、環境的影響、心理的プロセスの 3 つに区分することができる。その

3つの区分のうち、心理的プロセスのなかに、情報処理、学習、態度と行動変容が含まれる(Blackwell et al.[9])。態度については、購買行動を予測する変数と考えられるため、社会心理学やマーケティングにおいて重要な概念として扱われてきた。田中[6]は、これまで議論されてきた態度の定義について整理し、態度概念に共通するものとして、第1に、何らかの情報や経験を通じて学習するものであること、第2に、あらかじめ人々がもっている先有傾向であり、直接観察できないこと、第3に、好意的あるいは非好意的な反応であること、第4に、人、商品・ブランド、商品カテゴリー、事柄、行動といった対象に対しての反応であること、をあげている。これまでの態度の定義に関する議論をまとめると、「対象物、問題、それに人に対する貯えられた評価」(清水[10])、「ある対象に対して示す好意的あるいは非好意的判断であり感情のこと」(田中[6])ということができる。また、態度に隣接した概念として信念や行動があるが、そうした概念は態度に含まず、信念は態度の先行変数として、行動は態度の結果変数として扱われるのが一般的である。こうした隣接する概念との関係については、態度が認知、感情、行動から構成されるという3次元モデルは現在では主流ではなくなってきており、態度が信念に続き、意図と購買に先行する一次元的な流れの中で捉えられるという単一次元モデルが現在では一般的となっている(図6-1)。この単一次元モデルにおいては、要素間の因果関係が一貫性を保つための説明として重視される(田中[6])。態度の前後においてそれぞれの要素が一定の方向をもった因果関係で説明される、ということは、態度が行動の前兆になるということを意味し、態度の形成が購買意思決定において重要であることを示している。

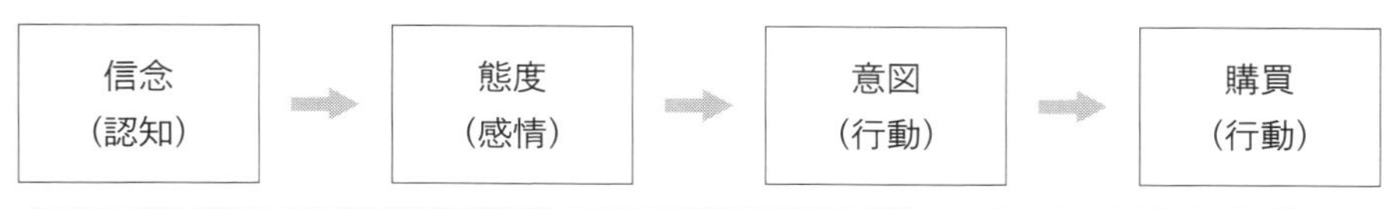

図6-1　態度の単一次元モデル

注：田中[6]から引用。

こうした態度をはじめとする心理的プロセスが消費者選好にどのように影響するかという点について、ブランドを対象とした研究も蓄積されてきている。ブランドに対する態度は、ブランド・コミットメントとして扱われる。ブランドに対するコミットメントと購買行動に関する先行研究には青木［11］、井上［12］、寺本［13］がある。青木［11］は、ロイヤルティが購買という行動面でブランドとの関係性を捉えているのに対して、コミットメントは売り手と買い手双方の関係性に対する態度であるとし、ロイヤルティとコミットメントを対比して定義している。井上［12］は、行動的指標であるロイヤルティと対比する概念としての態度的指標であるコミットメントが、感情的コミットメント、計算的コミットメント、陶酔的コミットメントの3次元からなることを実証的に示し、排他的な思い入れである陶酔的コミットメントが、ブランドの選択確率を向上させ、バラエティ・シーキング変数についても負の効果があり、コミットメントが安定的な売り上げや確固たる市場ポジションの獲得につながることを指摘している。寺本［13］は、Dick and Basu［14］のコミットメントとの関係により真のロイヤルティ、潜在的ロイヤルティ、見せかけのロイヤルティとして構造化されたロイヤルティに基づき、実証分析を通じて消費者セグメントを導いている。

消費者の態度に関して、地域農産物やそれに隣接する概念を対象とした先行研究としては、林［15］が、研究分野として蓄積の浅い地域ブランドについて、先行研究において経験的・暗黙的に存在が仮定されてしまっている地域ブランド効果の存在を確認し、地域ブランド力の強い産品は良いイメージを想起させ、好ましい態度 6) や購買意図を形成しやすいこと、また、関与概念について、永続的関与は地域ブランド効果に影響を与えていなかったものの、状況的関与のうち、外部評価の存在が地域ブランド効果に影響を与え、製品の信念評価と態度評価を変化させることを示している。朴ら［16］は、消費者の態度と購入意向について、地域イメージとブランド評価を対象として、地域態度から購入意向への影響は小さく、また、ブランド態度から購入意向への影響は個人差が大きいため有意でないことを示している。阿部［17］は、有機野菜を対象として、有機野菜と一般の野菜に対する態度を計測し、それぞれ有機野菜のプラスイメージから有機野菜は正の影響、一般の野菜は負の影響を受けており、いずれも有機野菜の購買行動に影響していることを示している。

先に単一次元モデル(図6-1)に示したように、態度は信念に続き、意図および購買に先行するという一連の因果関係にある。本章では、消費者の態度に着目し、イチゴというカテゴリーのなかで、消費者が品種間に差異を見出す要因として、消費者の地元に対する好意的な感情(「地元志向」とする)と多様な品種を探索する行動様式（「探索的購買」)、高い価格を避ける行動様式（「低価格志向」)の3つの構成概念を、態度の形成に影響を与える態度形成要因と想定する。このうち、「地元志向」については、地産地消を背景としたマーケティングの可能性を検討するため、居住地に対する感情と地元産農産物に対する意識によって構成されるものとする。「探索的購買」については、消費者自身の経験から多様な品種の差異を認める探索的な意識によって構成されるものとする。「低価格志向」については、標準的な品種に対して価格差を設定する可能性を検討するため、低価格を志向する行動様式を表現するものである。本研究が取り扱うデータは実際の行動ではなく、インターネット調査による仮想的なものであるため、これらの要因が差別化達成の代替変数としての「購入意向」に先行する変数である「態度」に影響すると考える。

こうした態度形成要因となる構成概念と、購買行動において現れる現象および消費者の内面との関係を示したものが図6-2である。

消費者のブランド・スイッチとして顕在化するのが消費者内面におけるバラエティ・シーキングであり、これを本研究では「探索的購買」という構成概念によって計測する。同様に、消費者のロイヤルティとして顕在化するのがコミットメントであり、本研究ではこれを「地元志向」という構成概念によって捉える。

本章では、コミットメントを「地元志向」として捉える。これは、「地元志向」が情動的、心理的な愛情によってもたらされるものと考えたためである。コミットメントは、関係性を維持する動機づけになること(井上[12])や他ブランドへの代替傾向を低減させる(青木[11])という性質をもち、同時に、感情的コミットメントや計算的コミットメントといった多次元性をもっている。ここでは、「地元志向」を他のブランドへのスイッチを抑制するものとして扱うため、

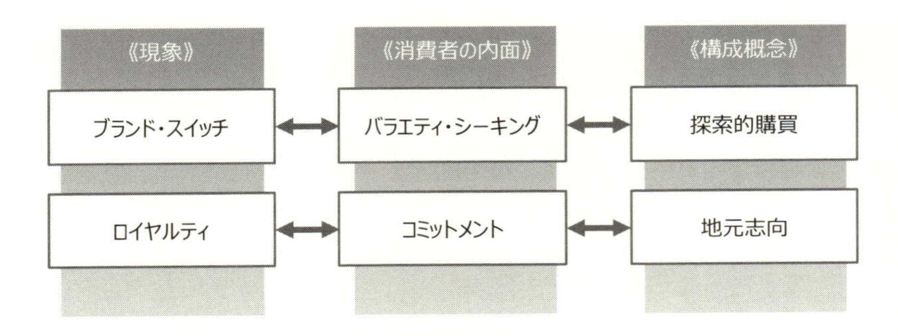

図 6-2　現象および消費者の内面と構成概念の対応

感情的コミットメントあるいは陶酔的コミットメントと関係が深いものとして捉える。

(3) 分析モデル

消費者の態度に関する先行研究を踏まえ、本章で検証する仮説は、消費者の「地元志向」、「探索的購買」、「低価格志向」がともに「態度」形成に影響し、好意的な「態度」が形成されることによって、意図および購買からなる行動の代替変数としての「購入意向」が高まるというものである。態度の単一次元モデル（前出、図 6-1）を反映し、「態度」から「購入意向」へは単一方向の因果関係があるものとした(図 6-3)。なお、「態度」と「購入意向」については対象となる品種ご

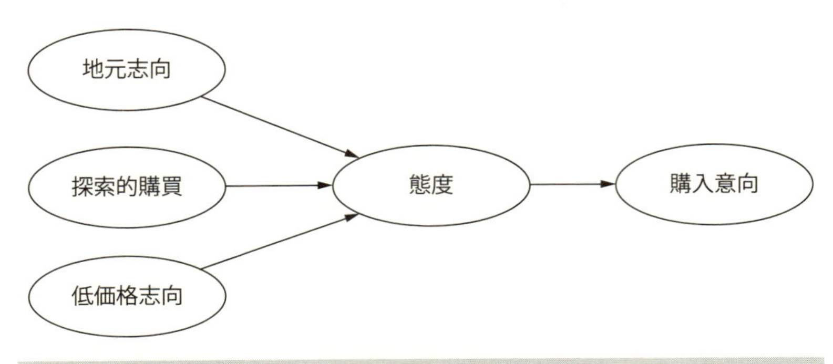

図 6-3　分析モデル

とに設定する。

この仮説に基づいたモデルについて構造方程式モデリングを行い、「地元志向」「探索的購買」「低価格志向」から「態度」へのパス係数、および「態度」から「購入意向」へのパス係数を推定する。さらに、態度形成要因として想定される「地元志向」「探索的購買」「低価格志向」については、相互の関係を知るために相関関係があるものとした。

第3節　結果

1. 対象品種の知名および喫食経験

分析に供する「ふくはる香」「あまおう」に加えて、参考として「とちおとめ」「さちのか」を加えた知名および喫食経験について表6-2に示す。「とちおとめ」が、高い福島県内流通シェアを反映して知名および喫食経験ともに非常に高い値を示しているのに対し、「あまおう」は知名に比べて喫食経験において小さく、経験ありと回答したのは半数程度である。また、「ふくはる香」は25%の知名と10%の喫食経験であり、「さちのか」も含めた他の品種に比べて、知名と喫食経験のいずれも低い値であった。

表6-2　知名および喫食経験

品種	知名	喫食経験
ふくはる香	25	10
あまおう	77	46
とちおとめ	98	93
さちのか	41	26

注：回答者500名に占める割合%を示した。

2. 消費者行動モデルの分析結果

(1) モデルに用いる変数の記述統計

はじめに、分析に用いた変数のうち、態度形成要因に対する応答の概要を示す。質問形式は、項目に対して、「当てはまる」を5、「どちらかというと当てはまる」を4、「どちらでもない」を3、「あまり当てはまらない」を2、「当てはまらない」を1とした5段階の多項単一選択回答によって回答を得るものであり、結果は表6-3のとおりである。

表 6-3　分析に用いた態度形成要因の変数の概要

態度形成要因	変数	中央値	平均値
地元志向	なるべく近くでとれたものを食べたい	4	3.9
	住んでいる地域に貢献したい	4	4.0
	地域の農業が衰退しているのは問題だと思う	4	4.3
	有名な産地より地元のものを好む	4	3.7
	住んでいる地域が好きだ	4	3.9
探索的購買	いろいろなイチゴを食べ比べたい	4	3.7
	新しい品種を試してみたい	4	3.6
	繰り返し購入したい品種や産地のイチゴを見つけたい	4	3.4
	食べたことのないイチゴを取り寄せて買いたい	3	2.8
低価格志向	少し傷みがあっても安いものを選びたい	3	3.1
	少し高くてもおいしそうなものを選びたい	3	3.3
	粒が小さくても安いほうが良い	3	3.2

注：態度形成要因のうち、「地元志向」については対象をイチゴに限定していないが、「探索的購買」と「低価格志向」についてはイチゴに限定している。

態度形成要因については、消費者個人に特有のものであり、各品種に共通である。このうち「地元志向」については、住んでいる土地への愛着も含めた地元産農産物に対する消費者個人の関与水準を示唆するものである。「探索的購買」については、本研究が想定する高関与水準の下でのスイッチをもたらす理由として、変化そのものに加えて、多様性や新奇性、好奇心があることを踏まえた質問項目となっている。「低価格志向」については、価格というマーケティング変数としての、消費者にとっての外部要因に対応した質問項目である。

「地元志向」については、対象をイチゴに限定していない。これを構成する観測変数のすべての項目で中央値が 4 であり、項目間に差は見られなかった。「探索的購買」と「低価格志向」のイチゴに限定した項目については、「いろいろなイチゴを食べ比べたい」「新しい品種を試してみたい」「繰り返し購入したい品種や産地のイチゴを見つけたい」については中央値が 4 であり、「食べたことのないイチゴを取り寄せて買いたい」「少し傷みがあっても安いものを選びたい」「少し高くてもおいしそうなものを選びたい」「粒が小さくても安いほうが良い」については中央値が3と、項目間に差が見られた。

続いて、品種ごとの態度と購入意向に対する評価を得るため、「ふくはる香」「あまおう」に加えて、標準的な品種である「とちおとめ」と福島県内でも生産されている「さちのか」について、態度と購入意向に関する変数に対して回答を得た。回答方法は、それぞれの評価項目について、「そう思う」を5、「どちらかというとそう思う」を4、「どちらでもない」を3、「あまりそう思わない」を2、「そう思わない」を1とした5段階の多項単一選択回答によるものであり、結果は図6-4のとおりである。品種ごとの評価については、態度を規定する変数[7]である「このイチゴを買うことは好ましいことだ」「このイチゴを買うこと

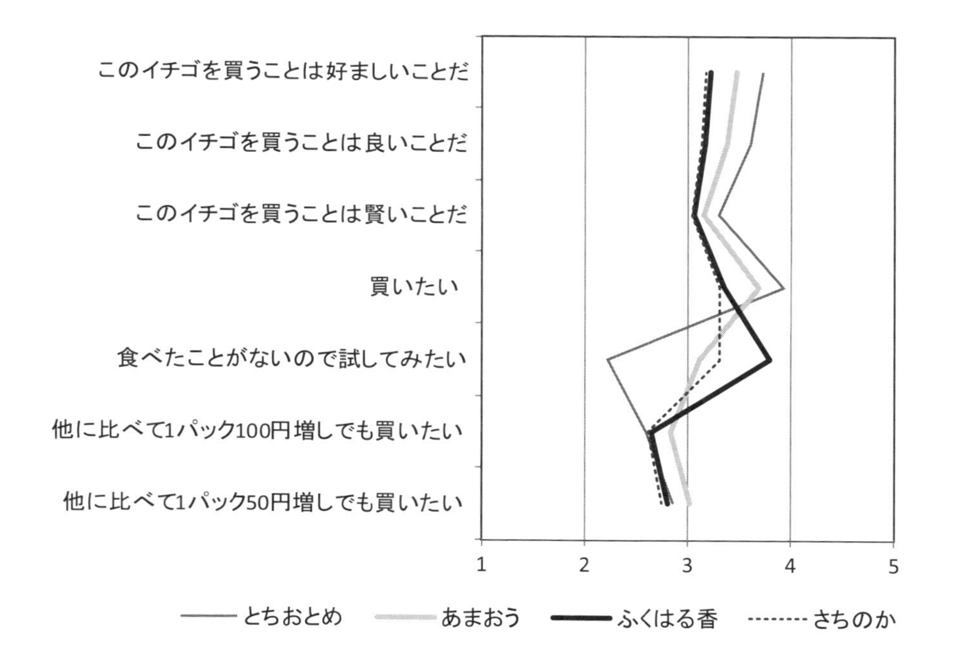

図6-4　品種ごとの態度と購入意向に関する評価

注：5段階のスケールを数値化し、平均値を示した。

は良いことだ」「このイチゴを買うことは賢いことだ」と「買いたい」の項目については回答の傾向が似ており、「とちおとめ」がもっとも高く、続いて「あまおう」、3番目に「ふくはる香」と「さちのか」が同程度の水準であった。購入意向を規定する変数のうち、もっとも品種ごとにばらついていたのは「食べたことがないので試してみたい」に対する回答であり、もっとも高い評価が「ふくはる香」であり、もっとも低い評価が「とちおとめ」であった。また、価格差の許容に関する「他に比べて1パック100円増しでも買いたい」「他に比べて1パック50円増しでも買いたい」については、全体的に「どちらでもない」よりも低い水準であったが、「あまおう」がもっとも高く評価されていた。

構造方程式モデリングに用いたモデルと推定値を図6-5に示した。先に示した図6-3の分析モデルにおける「態度」から「購入意向」について、「ふくはる香」と「あまおう」についてそれぞれ設定し、また、「ふくはる香」についてのみ、「地元志向」から地元で育成された品種であること(「地元育成品種」)[8)]が「態度」に影響するというパスを設定した。パス係数は標準化係数であり、観測変数や誤差変数については簡便化のため省略した。なお、観測変数へのパス係数と適

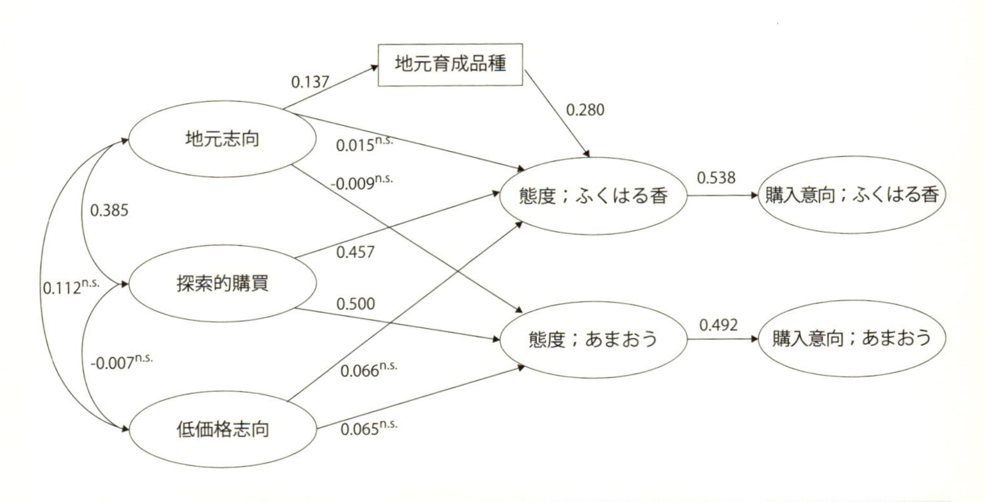

図6-5　パス係数の標準化推定値

注：n.s.を付したパス以外はすべて有意水準5%で0と差がある.

合度については表6-4のとおりである。適合度指標について、AGFIが0.702、CFIが0.783、RMSEAが0.108であり、より適合の良いモデルが存在する可能性があるが、図6-3を検証的なモデルとして、この推定結果を考察する。

表6-4　構成概念と観測変数、パス係数

構成概念	観測変数	パス係数（品種共通）	
地元志向	なるべく近くでとれたものを食べたい	0.747	
	住んでいる地域に貢献したい	0.855	
	地域の農業が衰退しているのは問題だと思う	0.640	
	有名な産地より地元のものを好む	0.724	
	住んでいる地域が好きだ	0.535	
探索的購買	いろいろなイチゴを食べ比べたい	0.730	
	新しい品種を試してみたい	0.737	
	繰り返し購入したい品種や産地のイチゴを見つけたい	0.591	
	食べたことのないイチゴを取り寄せて買いたい	0.612	
低価格志向	少し傷みがあっても安いものを選びたい	0.730	
	少し高くてもおいしそうなものを選びたい	−0.444	
	粒が小さくても安いほうが良い	0.651	
		ふくはる香	あまおう
態度	このイチゴを買うことは好ましいことだ	0.930	0.937
	このイチゴを買うことは良いことだ	0.986	0.968
	このイチゴを買うことは賢いことだ	0.841	0.762
購入意向	買いたい	0.478	0.475
	食べたことがないので試してみたい	0.271	0.211
	他に比べて1パック100円増しでも買いたい	0.902	0.923
	他に比べて1パック50円増しでも買いたい	0.961	0.946
	適合度指標		
AGFI＝0.702	CFI＝0.783	RMSEA＝0.108	

注：構成概念から観測変数へのパス係数はすべて有意水準5%で0と差がある。なお、パス係数は標準化係数である。

(2) 好意的な態度形成と購入意向

態度形成について、「地元志向」から「態度；あまおう」への直接のパスは有意ではなかった。また、「地元志向」から「態度；ふくはる香」への直接のパスは有意ではないが、「地元志向」から「地元育成品種」および「地元育成品種」から「態度；ふくはる香」へのパスはいずれも有意であり、「地元志向」から「態度；ふくはる香」への直接のパスと「地元育成品種」を介する間接のパスとの総合効果は正である。「探索的購買」から「態度」へのパスはいずれも有意であり、これらのパス係数について品種間で有意差はない。「低価格志向」から「態度」へのパスはいずれの品種でも有意でなかった。

「態度」から「購入意向」へのパスは「ふくはる香」「あまおう」とも有意であった。また、これらのパス係数に品種間で有意差はない。

なお、態度形成要因間の相関については、「地元志向」と「探索的購買」の間で正の相関があり、「探索的購買」と「低価格志向」、「地元志向」と「低価格志向」の間での相関は見られなかった。

(3) 態度形成要因の態度および購入意向への影響

ここまで、パス係数によって、変数間の因果関係の大きさを見てきた。ここから、3つの態度形成要因である「地元志向」「探索的購買」「低価格志向」が、それぞれの品種の「態度」と「購入意向」に対してどのような効果をもたらしたのか見ていこう。態度形成要因ごとに、それぞれの因子スコアと品種ごとの「態度」と「購入意向」に対する効果をまとめたものが表6-5である。表中に示したよ

表6-5　態度形成要因の態度・購入意向への効果

態度形成要因	因子スコア	効果			
		態度		購入意向	
		ふくはる香	あまおう	ふくはる香	あまおう
地元志向	3.770	0.054	−0.009	0.029	−0.004
探索的購買	3.366	0.457	0.500	0.246	0.246
低価格志向	1.793	0.066	0.065	0.036	0.032

注：因子スコアは平均値であり、効果については標準化総合効果により示した。

うに、「地元志向」「探索的購買」の因子スコアはいずれも大きく、「低価格志向」を上回っている。その効果を比較すると、「態度」、「購入意向」のいずれも「地元志向」を「探索的購買」が上回る結果となった。

第４節　考察

本章では、標準的な品種である「とちおとめ」に対して、差別化を意図した品種である「ふくはる香」と「あまおう」について、差別化を購入意向の表明によって達成されたと考え、消費者の態度形成が購入意向にどのように影響しているか分析した。

態度形成要因のうち、「地元志向」は地元に対する関与水準、「探索的購買」は本研究においては高関与水準下での積極的な意味でのブランド・スイッチをもたらすものとし、「低価格志向」はマーケティング変数としての外的要因に対する反応とした。

本研究では、意図と購買からなる行動については直接取り扱っていないため、行動の代替変数として導入した「購入意向」の観測変数には、「他に比べて１パック 50/100 円増しでも買いたい」というものが含まれており、「購入意向」は他品種に対する価格差の受容という側面も有している。

分析結果から、「地元志向」が地元育成品種であることを介して「ふくはる香」に対する好意的な「態度」を形成し、「購入意向」につながるという説が支持された。このことは、地元育成品種であることが購買に結びつく可能性を示すものと考えられる。一方、品種の育成と生産が他県で行われている「あまおう」について、「地元志向」と好意的な「態度」形成が無関係であったことは想定された結果である。このことは、品種の育成とともにブランド化を担う主体としての都道府県の役割に対して、産地だけでなく品種が育成されていることもアピールポイントになり得るという示唆を与える。この地元育成品種を介するパスは必ずしも大きくないが、このことは「ふくはる香」が福島県内の作付面積の１割に満たない程度であり、先に表 6-2 に示したように消費者の認知度が低いことが理由として考えられる。この点は今後の産地が取り組むべき方向性を示すものである。

「探索的購買」から「態度」へのパスが「ふくはる香」「あまおう」とも有意であったことは、「ふくはる香」と「あまおう」の差別化販売の意図と消費者の意識が合致していることを示している。福島県内の市場では「とちおとめ」が圧倒的なシェアを形成しており、消費者行動における情報処理として、「ふくはる香」が探索的な行動の対象として、また、プレミアム品種として全国的な知名度を誇る「あまおう」と並んで扱われている可能性を示している。「低価格志向」から「ふくはる香」と「あまおう」へのパスが有意でなかったことも、市場において標準的な品種であり喫食経験も高い「とちおとめ」が相対的に低価格であることを消費者が認識していることの裏付けと考えられよう。また、本章では、品種によるブランド化について、品種の標識としての機能から、試し買いを誘導する手段としての役割を重視しているが、「探索的購買」の観測変数に含まれる「繰り返し購入したい品種や産地のイチゴを見つけたい」が有意であることは、「探索的購買」による試し買いから継続的な購買によるブランドの維持につながる可能性を示唆するものである。また、試し買いについては、小野 [7] が情報取得の手段として捉えている。すなわち、購買前に積極的な情報取得を行わない低関与な消費者であっても、試し買いを行うことによって、製品を一度試してみるだけでなく、そこから情報の抽出、処理、記憶保持、その後の関連購買における内部情報探索、想起を含むというものである。本研究においては、探索的購買を変化そのものだけでなく、多様性や新奇性を理由として、品種に関する知識を増やしたいといった消費者のニーズを背景とした、高関与下でも起こり得るブランド・スイッチと捉えているため、「探索的購買」の因子スコアと態度形成への効果が大きいことは重要な結果といえる。

3つの態度形成要因の因子スコアを比較すると、「低価格志向」より「地元志向」「探索的購買」が大きい。地元育成品種であることが好意的な「態度」形成をもたらし、「購入意向」につながる、という因果関係は確認されたが、その効果は必ずしも大きくはないため、地元育成品種であることの効果は限定的である。

本章では、消費者行動の点からブランド化を定義し、好意的な態度の形成が購入意向に結びつくことを明らかにした。その過程において、地元に対する愛着が地元育成品種であることへの因果関係から好意的な態度につながることが示された。また、探索的な行動様式も好意的な態度に影響していた。好意的な態度は購入意向につながっているため、これらの結果は、地元消費地において地元育成品種であることを差別化の手段として活用することによる、地元産農産物のブランド化の可能性を示唆するものである。

しかしながら、その影響の程度については相対的に大きなものではない。さまざまな品種を試してみたいといった行動様式のほうが好意的な態度形成や購入意向に与える影響は大きいため、地元育成品種であることによるブランド化については、ターゲットとなる消費者のボリュームは小さいのが現状であると考えられる。一般に、都道府県が育成した品種は、大規模なプロモーションを行うことができないため、優れた品質をもっていても既存の品種に比べて認知度の点で不利な競争を強いられることが多いと推察されるが、本章の分析結果もそのことを示唆している。

また、一般製品で知られている製品ライフサイクルにおいては、商品の導入期と成熟期では異なる顧客層を対象とした戦略が求められるとされるが、育成品種においても同様のことが指摘できるだろう。すなわち、育成品種の初期においてはごく僅かなイノベーターやアーリーアダプターと呼ばれる消費者層が購入しているのであり、需要が拡大するステージにおいてはより慎重な消費者層を取り込むことが産地マーケティングとして必要と考えられる。育成品種の生産拡大を意図する産地戦略としては、むしろ「探索的購買」を重視し、育成品種の県外許諾を積極的に行うことによる作付面積の増加や、育成地名ではなく果実品質を訴求するような特徴的な名称や優れた形質の積極的なアピールによって、「地元志向」の小さな消費者や地元以外に居住する消費者もターゲットとして位置づけることによる消費者層の拡大が有効といえるだろう。

残された課題について述べる。本章では、地元育成品種であることによる好意的な態度の形成が購入へつながるという消費者行動のなかでも態度から購入意向の表明までを取り扱っており、価格やパッケージ等の販売に関係する要素については触れていない。こうした購入意向と実際の購買行動の関係について、今後さらに研究を重ねる必要がある。また、本章で検証したモデルは、品種の情報により差別化をもたらす要因を解析するというものであり、産地マーケティングにおいては、今後、消費段階において品種の特性を生かして他品種との差異を如何にして作り出し続けるかということが、成立したブランドの維持という新たな課題となるといえよう。

注 ――――――

1) 食品流通構造改善促進機構[18]では、販売促進において「新品種の台頭が目立つので、産地、品種特性をPOPなどで訴える」といった方法が勧められている。
2) 産地では、大果性を生かしたモールドパックによるパッケージも試験的に導入されている。
3) 品種名を印字したフィルムのほか、品種名を表示せず、「福島いちご」といった産地名や、出荷組織のロゴマークを印字したものも一般的に使われている。
4) 本章では、第7章と同一の調査結果のうち、福島県に居住する回答者のみを分析に用いている。
5) バラエティ・シーキング varity-seeking behavior は、多様性追求と訳される。variety は、品種の訳語として用いられることもあるが、本研究では、消費者の選択における variety を議論するため、多様性という訳語を充てる。したがって、バラエティという用語については品種という意味は含んでいない。
6) 林[15]では、態度を購買意向、好ましさ、期待度から構成される概念としているため、本章における態度とは定義が異なる。
7) 態度の観測変数は阿部[17]を参考とした。
8) 調査画面のワーディングは「地元で作られた品種だ」であり、他の質問と同様に「そう思う」から「そう思わない」までの5段階の多項単一選択回答によって回答を得た。平均値は2.592であり、中央値は3である。

引用文献 ――――――

[1] 半杭真一 (2007)「農産物に対する消費者のニーズと購買行動：福島県郡山市におけるイチゴの事例」『2007年度日本農業経済学会論文集』pp.231-238.
[2] McAlister, Leigh and Edgar Pessemier (1982) Variety Seeking Behavior: An Interdisciplinary Review, *Journal of Consumer Research*, Vol.9, No.3, pp.311-322.
[3] 小川孔輔 (2005)「バラエティシーキング行動モデル：既存文献の概括とモデルの将来展望」『商学論究』第52巻第4号、pp.35-52.
[4] 土橋治子 (2001)「バラエティ・シーキング研究の現状と課題：内発的動機づけを基盤とした研究アプローチへの批判的検討」『中村学園大学・中村学園大学短期大学部研究紀要』第33号、pp.101-107.
[5] 西原彰宏 (2012)「バラエティ・シーキング要因の探索的研究：製品関与概念を手がか

りに」『産研論集』第 39 号、pp.79-89.
[6] 田中洋 (2008)『消費者行動論体系』中央経済社、pp.45, 90-92.
[7] 小野晃典 (1999)「消費者関与：多属性アプローチによる再吟味」『三田商学研究』第 41 巻 6 号、pp.15-46.
[8] 土橋治子 (2000)「バラエティ・シーキングの研究アプローチと現代的消費者像」『マーケティング・ジャーナル』第 20 巻第 3 号、pp.58-69.
[9] Blackwell, Roger D., Paul W. Miniard and James F. Engel (2005) *Consumer Behaviour 10th edition*, South-Western; International ed.
[10] 清水聰 (1999)『新しい消費者行動』千倉書房、p.122.
[11] 青木幸弘 (2004)「製品関与とブランド・コミットメント：構成概念の再検討と課題整理」『マーケティング・ジャーナル』第 23 巻第 4 号、pp.25-51.
[12] 井上淳子 (2009)「ブランド・コミットメントと購買行動との関係」『流通研究』第 12 巻第 2 号、pp.3-21.
[13] 寺本高 (2009)「消費者のブランド選択行動におけるロイヤルティとコミットメントの関係」『流通研究』第 12 巻第 1 号、pp.1-17.
[14] Dick, Alan S. and Kunal Basu (1994) Customer loyalty: Toward an integrated conceptual framework, *Journal of the Academy of Marketing Science*, pp 99-113.
[15] 林靖人 (2009)「消費者の関与が地域ブランド評価に与える影響：ブランド効果のメカニズム」『地域ブランド研究』、第 5 巻、pp.53-87.
[16] 朴宰佑・大平修司・大瀬良伸 (2008)「ブランドにおける地域イメージの効果とブランド・コミュニケーションに関する研究」『助成研究集：要旨』第 41 号、吉田秀雄記念事業財団、pp.141-151.
[17] 阿部周造 (2005)「「有機」野菜に対する消費者の態度と行動」『横浜経営研究』第 26 巻第 2 号、pp.181-196.
[18] 食品流通構造改善促進機構 (2010)『改訂 8 版　野菜と果物の品目ガイド』農経出版社、pp.244-245.

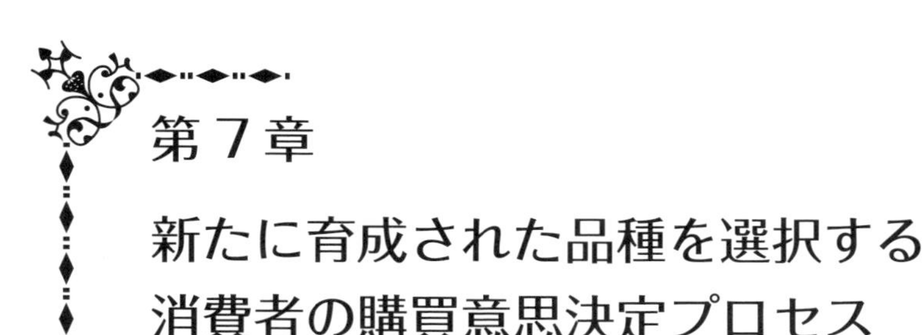

第7章 新たに育成された品種を選択する消費者の購買意思決定プロセス

第1節　目的と課題

消費者による商品の選択行動である購買意思決定プロセスは、情報処理問題として捉えられる。イチゴの品種は、購買時点で店頭に表示されているため、消費者は品種名を手がかりの一つとして購買意思決定を行っている。また、イチゴは都道府県が主体となって活発な品種開発競争が行われており、同時に、都道府県のブランド化事業等によって新品種を有利販売に結び付けようとする取り組みが各地で進んでいるため、近年、店頭に並べられるイチゴの品種が増えてきている。しかし、そうした新たに育成された品種を選択する消費者の購買意思決定プロセスについてはほとんど研究されてこなかったため、産地戦略の構築や具体的なマーケティング活動は手探りの状態で行われている。

こうしたイチゴの購買時点における品種情報や産地が地元産であることの訴求が消費者に高い効用をもたらすこと、また、地元育成品種であることが消費者に肯定的に評価されること、さらに、品種名がもたらすイメージや育成地のような属性を伝達できることについてはこれまで述べてきた。ここでは、模擬的にイチゴ品種を選択することによって、消費者が購買意思決定プロセスにおいて品種の情報をどのように処理しているのか、そのメカニズムを明らかにすることが目的である。

品種の情報が購買意思決定プロセスについてどのように処理されるのかについては、提示された選択肢から最終的な選好に至るまでの絞り込みの過程を取り扱うこととし、新たに育成された品種がどのようなプロセスを経て選好に至るのかについて論じる。また、品種の情報と価格設定の関係については不明な点も多く、価格差がどのように品種の選択行動に影響するのかも本章の重要な論点となる。

本章では、消費者の個人特性の定量化を行い、イチゴの品種に関する模擬的な購買行動を通じて、購買意思決定プロセスにおける選好のメカニズムを分析する。課題の第１として、消費者の意識をモデル化し、選択行動に影響を与えると考えられる因子を抽出する。第２に、購買意思決定プロセスにおける知名および考慮、選好の各段階を明らかにする。第３に、知名集合および考慮集合のサイズと、その決定因について消費者意識の因子も導入して解析を行う。第４に、知名および考慮、選好の各段階から消費者を類型化し、新たに育成された品種を選好する消費者類型を探索する。第５に、新たに育成された品種を選好する消費者類型の選好理由を明らかにする。

第２節　消費者の購買意思決定プロセスと考慮集合

1. 農産物における購買意思決定プロセスに関係する先行研究

農産物の購買行動のなかでも購買意思決定プロセスにおける研究蓄積は必ずしも多くない。近年の研究成果として、梅本 [1] は消費者情報処理理論を適用し、実店舗において眼球運動分析とプロトコル法などを併用して購買意思決定プロセスを分析している。この研究は観察不可能である購買意思決定の内的プロセスを動態的に捉えようとしている点に特色がある。また、新山ら [2] は情報処理プロセスの概念モデルを提示し、実店舗における発話思考プロトコル分析によって検証した情報処理プロセスにおける決定方略について論じている。これらの農産物における購買意思決定プロセスに関する先行研究は、いずれも消費者に対する表示や情報提示を検討することを背景としており、実店舗における多様な品目、価格、量目、情報を対象とした実践的な内容である。しかし、発話思考プロトコルや眼球運動分析等のデータ収集手法は、個人単位で得られるデータは豊富であるものの、梅本 [1] によればデータの分析手法が方法論として確立されていないという問題点があり、また、こうした手法ではサンプルサイズを大きくとることが困難であるため、新山ら [2] では、統計量を得るにいたっていない。店舗内での行動研究は、現実の購買行動を対象にできるメリットはあるが、行動の結果として表れる外的要因のデータを分析するため、消費者行動のブラックボックスである内的要因へのフィードバックには限界があると考えられる。

本研究では、ブラックボックスである購買行動の内的要因にアプローチするため、質問紙法による調査を行う。質問紙調査による選択は模擬的なものであり、実店舗における購買行動とは異なることも考えられるが、選択肢集合を構成する項目や水準を統制しやすいため、目的に応じたデータ収集が正確に行えるということと、大標本を用いた統計処理による分析が可能であるというメリットがある。また、本研究ではイチゴの品種選択を対象として分析を行うが、イチゴは品種以外にもさまざまな要素をもち、作期にも幅があるため、実店舗による実験では品種による差異をとらえることは困難である。

イチゴは果実的野菜であるため、食品のなかでは嗜好品に近い位置づけがされ、新品種の育成と品種のブランド競争が活発である。こうしたことから、イチゴの品種選択はブランド選択として捉え得る。ブランド選択の対象としてイチゴを取り扱うにあたり、消費者にとっての選択肢集合は、外観に加えて、価格や産地、品種の情報をもつ商品アイテム群ということになる。

消費者の購買意思決定を示したモデルの代表的なもののひとつに、Blackwell et al. [3] による BME モデルがある（図 7-1）。BME モデルにおいては、購買意思決定は「必要性の認識」→「情報探索」→「代替案評価」→「購買」→「消費」というプロセスを経る。イチゴを購入する消費者は、この購買意思決定プロセスにおける「情報探索」お

図 7-1　BME モデルにおける購買意思決定プロセス（抜粋）

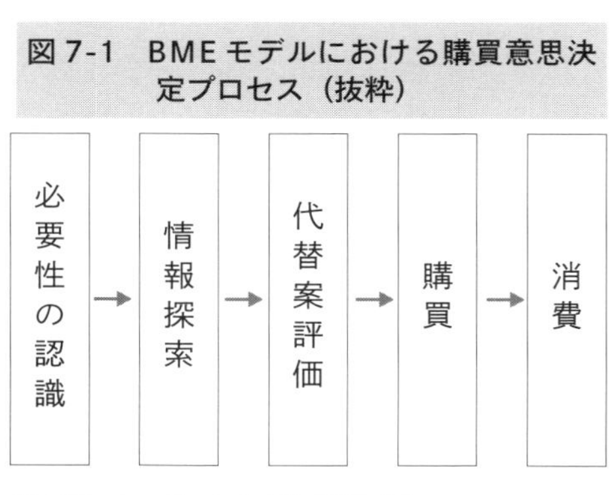

注：Blackwell et al. [3] に基づく。

よび「代替案評価」において選択肢の評価と絞り込みを行っていると考えられる。この消費者による多様な選択肢からの絞り込みの過程を説明する概念のひとつが考慮集合である。

2. 考慮集合に関係する先行研究

考慮集合はHowardが想起集合として導入した概念とされる。意思決定プロセスのなかで選択肢が絞り込まれていく過程として概念化した代表的な例としては、図7-2に示したBrisouxとLarocheの概念図（Brisoux and Cheron [4]）があげられよう。BrisouxとLarocheの概念図は、知名→処理→考慮→選好と段階的に絞り込みが行われていく過程を概念化しているために、考慮集合に入るブランドは常に知名集合に含まれている。一方、図7-3に示したPeterとOlsonによる考慮集合形成プロセス（Peter and Olson [5]）は、想起集合と考慮集合を峻別し、非知名ブランドも意図的あるいは偶発的な発見によって考慮集合に含まれ得るとしている。考慮集合についてHauser and

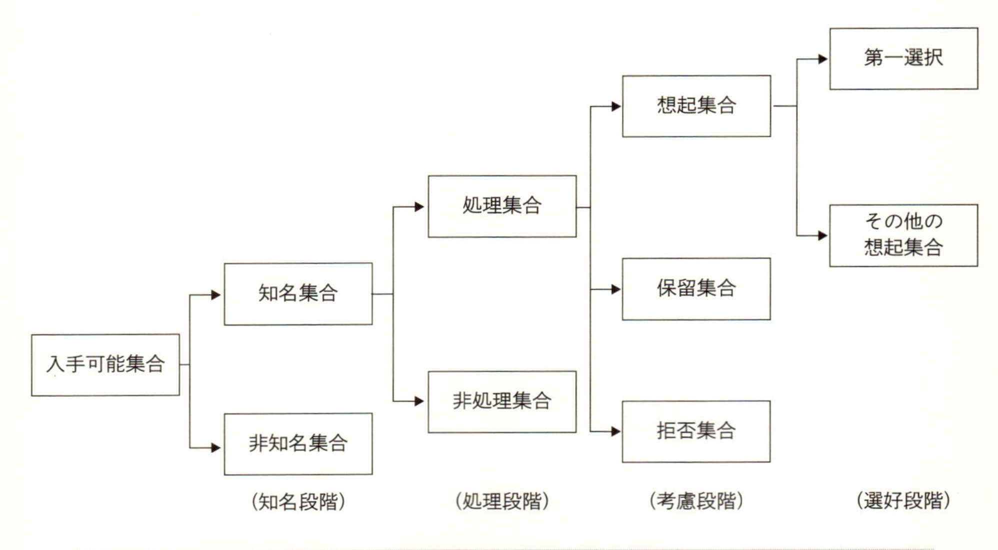

図7-2　BrisouxとLarocheの概念図

注：Brisoux and Cheron[4] に基づく。

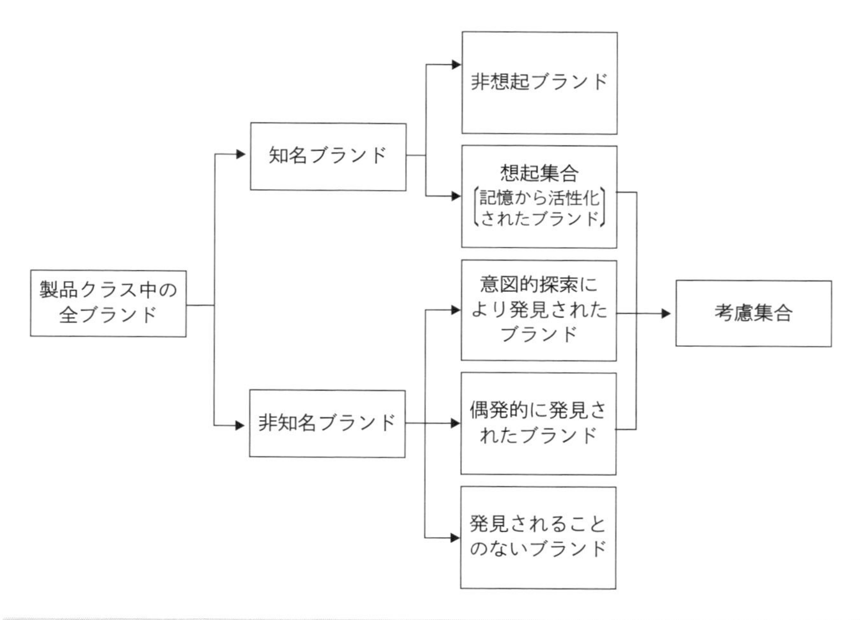

図 7-3　Peter と Olson による考慮集合形成プロセス

注：Peter and Olson[5] に基づく。

Wernerfelt [6] は、集合のサイズは２～８程度であり、入手可能なものと比較すると少ないこと、また、Roberts and Lattin [7] は対象とする財によって考慮集合の形成と維持が異なることを示している。また、消費者の意思決定が非代償型によるスクリーニング段階と代償型による熟考段階の異なった方法で成されることが Gensch [8] によって実証された。恩蔵 [9] は考慮集合とほぼ同様の概念と捉えられている想起集合に影響する消費者の要因について、関与水準が高いとサイズが小さくなり、バラエティ・シーキング型の購買行動はサイズが大きくなる傾向であるとしている。清水 [10] は、住宅メーカーを対象として、意思決定が Brisoux と Laroche の概念図にしたがって行われるが、大手企業では考慮集合形成の段階で復活が見られることを実証している。

3. 分析視点

イチゴの品種を対象として、消費者行動の内的要因である購買意思決定プロセスにおける知名、考慮、選好の段階に焦点を当て、とくに考慮集合の形成について消費者の購買に関する意識との関連から論じる。考慮集合の形成に着目するのは、ある品種が選好されるためには、購買意思決定プロセスにおいて当該品種が考慮集合に含まれなければならないためである。本研究の目的は、新たに育成された品種のブランド化であり、一般に知られていないブランドを如何にして既存のブランドから構成される考慮集合に入れるかという点についての知見を得る。そのため、Peter と Olson による考慮集合形成プロセスにおいて、非知名ブランドが偶発的な発見から導入されることを寧ろ積極的に評価し、偶発的に発見されたブランドが最終的な選好に至る「偶発的選好」について検討する。

第３節　データと方法

1. データ

(1) 購買意思決定プロセスを分析する対象

イチゴを対象として購買意思決定プロセスを分析するにあたり、東日本で圧倒的なシェアをもつ標準的な品種として「とちおとめ」、小売段階でプレミアム品種として位置づけられている「あまおう」、比較品種として、全国的に流通している品種である「紅ほっぺ」「さちのか」「さがほのか」、地域性の高い品種である「ふくはる香」「もういっこ」「ふくあや香」の6品種を供する。これら8品種を入手可能集合として回答者に提示するが、品種名に加えて、実勢価格を踏まえ、「とちおとめ」を398円および「あまおう」を780円として、その他の6品種を「とちおとめ」より100円高い498円とした (A) と「とちおとめ」と同水準の398円とした (B) の2種の仮想的な価格設定を用意した（表7-1）。この価格設定によって、標準的な「とちおとめ」に対して価格差を設けることの影響を検討する。

なお、品種名はすべてのイチゴに関係する要素であることと、本研究におけ

表7-1　入手可能集合

品種名	価格設定		(参考)実勢価格
	(A)	(B)	
とちおとめ	398	398	298、398、498、598
あまおう	780	780	598、780、980
紅ほっぺ	498	398	350、498、680
さちのか	498	398	398、598
ふくはる香	498	398	—
さがほのか	498	398	—
もういっこ	498	398	—
ふくあや香	498	398	—

注：1) 価格設定は「とちおとめ」を基準とした仮想的なものであり、単位はパック当たり円である。
2) 参考として示した実勢価格は、調査期間と同時期の同日における福島県内の大型スーパー、食品スーパー、青果店、生協店舗における販売価格である。

る問題意識から、品種名と価格のみを回答者に提示する選択肢の構成要素とした。したがって、品種の育成地に関する情報も回答者には伏せられている。

(2) 調査の概要

消費者の意思決定プロセスを調査するにあたり、本章ではデータの収集にインターネットを用いた。消費地および品種の育成地における購買経験に基づいたデータを得るため、調査地域には、消費地として首都圏(東京都、神奈川県、埼玉県、千葉県）を選択し、育成地として福島県を選択した。調査対象は成人女性とし、普段スーパー等で青果物の買物をする条件によりスクリーニングを行ったサンプルに対して年齢による均等割り付けを行い、属性絞り込み方式によるWeb調査[1)]を実施し、それぞれ500件を回収した(表7-2)。なお、調査期間は出回り期を考慮して2011年1月28日～30日とした。

本研究で分析に供する調査項目は、年齢、家族人数、子供人数、職業の有無からなるフェイス項目、イチゴの購買等に関する意識、模擬的な選択行動に

表 7-2　回答者のサンプリング概要

	首都圏 (n＝500)	福島県 (n＝500)	P 値
年齢	44.4	41.0	<0.001
家族人数	2.5	2.8	0.005
子供人数	0.3	0.4	<0.001
有職ダミー	0.5	0.6	0.307
回答者の割り付け			
年齢	首都圏	福島県	
20 代	100	118	
30 代	100	118	
40 代	100	118	
50 代	100	120	
60 代	100	26	

注：1)　子供人数は小学生以下の子供の人数であり、有職ダミーは、何らかの職業に就いている場合を 1 としたダミー変数である。
2)　P 値は年齢・家族人数・子供人数について平均値の差の検定、有職ダミーについて比率の差の検定の結果である。
3)　年齢によって回答者の均等割り付けを行ったが、福島県の 60 代については回収数が少なかったため、他の年齢の回収数を増やした。

おけるイチゴ品種の知名および考慮の有無、最終的に選好した 1 品種である。なお、調査票のワーディングは「次の 8 種類のイチゴについて、当てはまるものを選択してください」に対して、知名は「知っている」であり、考慮は「購入を検討する」である。

2. 方法

分析は、以下のように実施した。

課題の第 1 については、購買行動に関する意識を構造方程式モデリングを用いて潜在的な因子を抽出して整理する。本章の意識構造のモデルについては、第 5 章におけるモデルを拡張する形で変数を導入して構築する。

第 2 に、購買意思決定プロセスにおける知名、考慮、選好の各段階について、価格設定や回答者の居住地により集計する。ここで、価格設定や居住地によって知名、考慮、選好が変化するのか検討する。

第３に、考慮集合および非知名集合から絞り込まれる考慮集合の形成について、購買意思決定プロセスの前段階である知名集合のサイズ、決定因となる個人特性や購買行動に関する意識の潜在因子、価格設定の影響を回帰モデルを用いて分析する。

第４に、知名、考慮、選好のあり方には個人ごとに一定の傾向があると想定されるため、これらの要素を用いて消費者をクラスタ分析し、本研究の目的である偶発的選好を行う類型を探索する。

第５に、偶発的選好を行う類型がもつ特徴を整理した上で、その類型において選好がどのようにして行われるのか検討する。偶発的選好が起こる品種を特定し、選好について決定木分析を行うとともに、自由記述による選好理由についてテキストマイニング手法を用いて分析する。

第４節　結果

1. 購買行動に関する意識モデル

消費者のイチゴの購買行動に関する意識については、示した質問文に対して「あてはまらない」から「あてはまる」までの５段階の多項単一選択回答によって得た。分析に供したこれらの観測変数の概要を表 7-3 に示す。対象をイチゴに限定した観測変数に対しては、ほとんどの設問で中央値が３の「どちらともいえない」という結果であった。なお、中央値が４であったものは「いろいろなイチゴを食べ比べたい」「新しい品種を試してみたい」という設問であった。また、対象をイチゴに限定しない場合には、ほとんどの設問で中央が４であり、「有名な産地より地元のものを好む」という設問についてのみ中央値が３であった。

これらの回答から、構造方程式モデリングによる確認的因子分析を用いて潜在的な因子を仮定した。確認的因子分析とは、事前に仮説に基づいた因子構造をモデル化し、仮説としての因子構造について検証するものであり、因子構造が判然としないために得られたデータに基づいて因子構造を決定していく探索

表 7-3　分析に供する観測変数の記述統計

対象品目	変数	中央値	平均値
イチゴに限定	いつも同じ品種を選ぶ	3	2.6
	いつも同じ産地や生産者を選ぶ	3	2.5
	いつも同じお店から買う	3	2.7
	いろいろなイチゴを食べ比べたい	4	3.7
	新しい品種を試してみたい	4	3.5
	繰り返し購入したい品種や産地のイチゴを見つけたい	3	3.4
	食べたことのないイチゴを取り寄せて買いたい	3	2.8
	少し傷みがあっても安いものを選びたい	3	3.0
	少し高くてもおいしそうなものを選びたい	3	3.3
	粒が小さくても安いほうが良い	3	3.2
イチゴに限定せず	なるべく近くでとれたものを食べたい	4	3.7
	住んでいる地域に貢献したい	4	3.8
	地域の農業が衰退しているのは問題だと思う	4	4.2
	有名な産地より地元のものを好む	3	3.5
	住んでいる地域が好きだ	4	3.8

的因子分析とは区別される。因子構造のモデルは図 7-4 のとおりであり、潜在変数および観測変数とパス係数、適合度指標からなる分析結果は表 7-4 のとおりである。

適合度指標について、CFI、GFI はいずれも 0.9 ～ 0.95 の間であり、RMSEA が 0.05 と 0.1 の間であることから、狩野・三浦 [11] が示している基準に照らしてモデルの当てはまりは許容できるものと判断し、イチゴの購買行動について「反復的購買」「探索的購買」「低価格志向」「地元志向」の 4 因子を仮定した。すなわち、「反復的購買」は同じ品種や産地を選ぶといった購買行動に係る習慣的な因子、「探索的購買」は食べ比べや新品種を試したいといった探索的な因子、「低価格志向」はより安価なものを求める因子、「地元志向」は地元志向を示す因子である。これらの因子（構成概念）は第 5 章で用いたものに「反復的購買」を加えた。「地元志向」が感情的コミットメントと関係が深いのに対して、「反復的購買」は計算的コミットメントと関係が深いものと考える。なお、因子間の相関は全体的に低いものであったが、とくに「低価格志向」と他の因子との相関は低い傾向である。これら４因子の因子得点を求め、フェイス項目と併せて個人特性として購買意思決定との関連を論じる。

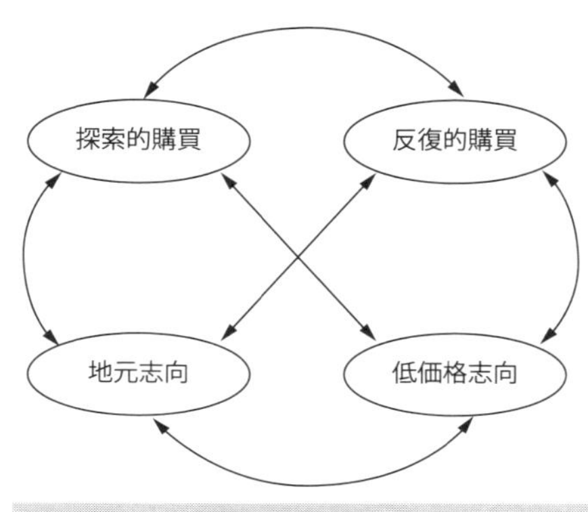

図 7-4　意識構造のモデル

表 7-4　イチゴの購買に関する意識のモデル

因子	変数	係数
反復的購買	いつも同じ品種を選ぶ	0.862***
	いつも同じ産地や生産者を選ぶ	0.947***
	いつも同じお店から買う	0.729***
探索的購買	いろいろなイチゴを食べ比べたい	0.703***
	新しい品種を試してみたい	0.751***
	繰り返し購入したい品種や産地のイチゴを見つけたい	0.653***
	食べたことのないイチゴを取り寄せて買いたい	0.663***
低価格志向	少し傷みがあっても安いものを選びたい	0.760***
	少し高くてもおいしそうなものを選びたい	−0.415***
	粒が小さくても安いほうが良い	0.667***
地元志向	なるべく近くでとれたものを食べたい	0.795***
	住んでいる地域に貢献したい	0.828***
	地域の農業が衰退しているのは問題だと思う	0.577***
	有名な産地より地元のものを好む	0.772***
	住んでいる地域が好きだ	0.468***

相関係数		適合度指標	
反復的購買 ←→ 探索的購買	0.330***	CFI	0.903
反復的購買 ←→ 低価格志向	0.046	GFI	0.922
反復的購買 ←→ 地元志向	0.379***	AGFI	0.889
探索的購買 ←→ 低価格志向	0.029	RMSEA	0.082

2. 購買意思決定プロセス

(1) 知名および考慮、選好

ここでは、購買意思決定プロセスにおける知名、考慮、選好の各段階について概観する。

品種ごとの知名の有無について表 7-5 に示す。全体として、「とちおとめ」が 95% を超える回答者が「知っている」と答えており、この品種の高い認知度を示している。「あまおう」も 80% 前後と 2 番目に高い値を示しており、栃木県と福岡県という東西の横綱と称された育成地の品種が、調査地域に依らず消費者によく知られていた。「紅ほっぺ」も比較的高い認知度を得ている品種であるが、首都圏において福島県より高い値となった。また、「さがほのか」の認知度も首都圏で高い。反対に、福島県が首都圏を上回っているのは、福島県オリジナル品種である「ふくはる香」「ふくあや香」の 2 品種であった。

同様に、品種ごとの考慮の有無について表 7-6 に示す。考慮の有無は知名の有無に関わらずに選択できるものとし、考慮された品種から考慮集合が形成されるものと考える。この考慮段階は、価格の影響を受けると考えられるため、(A)、(B) 2 種類の価格設定に応じて示した。価格設定に依らない知名の有無については、居住地による差がある品もあるが、購入を検討する品種については、居住地による差が見られない。価格設定については、考慮について差がある品種が見られた。比較品種の価格が「とちおとめ」と同水準であるとした (B) について、考慮される品種が増える傾向がある。品種ごとには、ここでも「とちおとめ」が考慮される割合が 80% 台と大きく、相対的にもっとも高い価格設定をし

表 7-5　知名の有無

品種名	首都圏	福島県	P 値
とちおとめ	482 (96)	488 (98)	0.227
あまおう	434 (87)	383 (77)	0.557
紅ほっぺ	306 (61)	225 (45)	0.015
さちのか	243 (49)	206 (41)	0.392
ふくはる香	38 (8)	125 (25)	<0.001
さがほのか	129 (26)	56 (11)	<0.001
もういっこ	21 (4)	29 (6)	0.199
ふくあや香	19 (4)	40 (8)	0.003
(該当なし)	17 (3)	12 (2)	0.577

注：1) カッコ内は割合 % である。
　　2) 品種ごとに居住地に関する比率の検定の結果を P 値で示した。

表 7-6　考慮の有無

品種名	(A)		(B)		P 値	
	首都圏	福島県	首都圏	福島県	居住地	価格設定
とちおとめ	212 (84)	214 (85)	214 (85)	218 (87)	0.243	0.026
あまおう	128 (51)	115 (46)	125 (50)	119 (47)	1.000	0.067
紅ほっぺ	134 (53)	112 (44)	159 (63)	152 (60)	0.786	0.586
さちのか	121 (48)	92 (36)	133 (53)	143 (57)	1.000	0.441
ふくはる香	100 (40)	82 (32)	112 (44)	132 (52)	0.415	0.283
さがほのか	97 (38)	66 (26)	110 (44)	100 (40)	0.194	0.550
もういっこ	87 (34)	62 (24)	108 (43)	106 (42)	0.511	0.110
ふくあや香	90 (36)	68 (27)	111 (44)	117 (46)	0.958	0.097
(該当なし)	22 (8)	22 (8)	19 (7)	10 (4)	0.481	0.013

注：1) カッコ内は割合％である。
　　2) 品種ごとに、価格設定と居住地に関する比率の差の検定の結果をそれぞれＰ値で示した。

た「あまおう」は知名の割合よりも考慮の割合が低い傾向がある。その他の品種は、(A) の価格設定では 20 ～ 50% 台であり、(B) の価格設定では 30 ～ 60% 台であった。

品種ごとの最終的な選好について、表 7-7 に示した。選好は、考慮した品種のなかから１品種のみを選択可能なものとした。最終的な選好においても、居住地、価格設定を問わず「とちおとめ」が 50% 前後と高い値を示し、「あまおう」が 20% 程度と続いている。居住地については、首都圏に比べて福島県において、「ふくはる香」「ふくあや香」が選好される傾向にある。価格設定については、「とちおとめ」に対して比較品種が高い (A) に対して「とちおとめ」と同じ水準の (B) において、「紅ほっぺ」「ふくはる香」といった品種が選好される傾向にある。

表 7-7　選好の有無

品種名	(A)		(B)	
	首都圏	福島県	首都圏	福島県
とちおとめ	128 (51)	136 (54)	122 (48)	117 (46)
あまおう	53 (21)	57 (22)	52 (20)	50 (20)
紅ほっぺ	23 (9)	17 (6)	31 (12)	26 (10)
さちのか	2 (0)	6 (2)	3 (1)	10 (4)
ふくはる香	7 (2)	4 (1)	8 (3)	24 (9)
さがほのか	4 (1)	1 (0)	2 (0)	0 (0)
もういっこ	6 (2)	6 (2)	5 (2)	6 (2)
ふくあや香	5 (2)	1 (0)	8 (3)	7 (2)
(該当なし)	22 (8)	22 (8)	19 (7)	10 (4)
品種に関する独立性				
価格設定	P＝0.002	居住地	P＝0.031	

注：1) カッコ内は割合％である。
　　2) 品種に対する独立性は、価格設定と居住地について独立性の検定の結果をそれぞれＰ値で示した。

(2) 知名集合および考慮集合

前項までは知名および考慮の有無について見てきた。本項では集合のサイズに注目したい。集合のサイズは、購買意思決定プロセスにおいて知名あるいは考慮される品種の数によって表され、本章では選択肢として8品種を提示しているために最大が8で最小が0となる。知名集合と考慮集合のサイズについて表7-8に示す。今回得られたデータ全体での知名集合はおよそ3であり、考慮集合はおよそ4である。(A)、(B) の価格設定と居住地について、知名集合に差はないが、考慮集合については比較品種の価格を「とちおとめ」と同水準とした (B) において多くなる傾向が見られる。知名集合より考慮集合のサイ

表 7-8　集合のサイズ

	(A)		(B)		全体
	首都圏	福島県	首都圏	福島県	
知名	3.3	3.1	3.4	3.1	3.2
考慮	3.9	3.2	4.3	4.3	3.9

ズが大きくなることは、知らない品種でも考慮集合に入るという偶発的選好の条件が成立することを示唆している。

この考慮集合のサイズを決定する要因について分析を行う。偶発的選好が達成されるためには、非知名でありながら考慮集合に入ることが条件となる。この非知名かつ考慮集合と、考慮集合を規定する要因を分析するため、非知名かつ考慮集合と考慮集合を従属変数とし、年齢、居住地、職業の有無、家族人数、子供人数、地元志向・低価格志向・探索的購買・反復的購買のイチゴ購買に関する4因子、提示された価格設定、先行する意思決定プロセスである知名集合のサイズが考慮集合のサイズに影響すると仮定したモデルについてポアソン回帰を行い、ステップワイズ法によって変数を選択した結果を表7-9に示す。

非知名かつ考慮集合を従属変数とした場合については、知名集合のサイズ、探索的購買因子、反復的購買因子、回答者が福島県に居住していること（福島

表7-9　集合の決定要因

	非知名かつ考慮		考慮	
	推定値	Z値	推定値	Z値
知名集合	−0.160	−9.718***	0.104	11.234***
「探索的購買」因子	0.516	11.133***	0.340	11.356***
「反復的購買」因子	−0.257	−7.577***	−0.120	−5.580***
価格ダミー	0.372	7.451***	0.183	5.704***
福島ダミー	−0.109	−2.140*		
年齢	0.007	3.461**	0.005	3.363***
有職ダミー	0.089	1.716		
子供人数	0.110	3.003**	0.064	2.814**
家族人数	0.043	1.676		
定数項	0.295	2.047*	0.682	9.369***
Log lilelihood	−2055.467		−2376.769	
AIC	4130.9		4727.5	

注：1）非知名かつ考慮されている集合と考慮集合を従属変数としたポアソン回帰の結果である。
2）価格ダミーは価格設定が(B)である場合を1、福島ダミーは居住地が福島県である場合を1、有職ダミーは何らかの職業に就いている場合を1としたダミー変数である。
3）***、**、* はそれぞれ、有意水準0.1%、1%、5%で0と有意に差があることを示す。

ダミー)、提示された価格設定が低い（価格ダミー)、年齢、何らかの職業に就いている(有職ダミー)、子供人数、家族人数、が選択された。推定値の符号は知名集合のサイズ、反復的購買因子、福島ダミーで負であり、知名集合のサイズが小さいほど、探索的購買因子が大きいほど、反復的購買因子が小さいほど、価格設定が低い場合、福島県に居住していない場合、年齢が高いほど、子供人数が多いほど、非知名かつ考慮集合のサイズは大きくなるという結果である。

考慮集合を従属変数とした場合については、推定値の符号は反復的購買因子でのみ負であり、年齢が高いほど、探索的購買因子が大きいほど、反復的購買因子が小さいほど、子供人数が多いほど、価格設定が小さい場合において、考慮集合のサイズは大きくなるという結果である。

(3) 意思決定プロセスの類型化

これまでの結果から、イチゴの品種に対する選択行動において、知名、考慮、選好の各段階が消費者によって異なることが示唆されるため、ここでは、この意思決定プロセスを用いて消費者の類型化を試みる。

類型化に当たりクラスタ分析を用いる。対象とするのは (A)、(B) の価格設定による選好への影響を踏まえ、(A)、(B) 各 500 件の回答者である。クラスタ分析を行った変数は、8 品種に「(該当なし)」を加えた 9 つの品種の選択肢に対して、知名、考慮、選好の各段階における選択の有無について選択された場合を 1 とした合計 27 のダミー変数である。この 27 変数に対して、ユークリッド距離を用いて対象間の距離を測定し、ウォード法を用いたクラスタの合併により、(A)、(B) のそれぞれについて類型化した(表 7-10)。それぞれの類型の構成比について、居住地による差はないと考えられる。なお、年齢、家族人数、子供人数、職業の有無について、類型による差は見られなかった。

類型ごとに知名集合と考慮集合のサイズを示したものが図 7-5 である。知名集合のサイズを考慮集合のサイズが上回っているのが、補助線より上に位置している類型 (A)-3 および類型 (B)-1 であり、これらの類型が偶発的選好をもたらすと考えられる。

図 7-5 からも読み取れるように、類型 (A)-3 と類型 (B)-1 については、知

表 7-10　消費者の類型と居住地別の度数

(A)				(B)			
類型	首都圏	福島県	計	類型	首都圏	福島県	計
(A)-1	31	44	75	(B)-1	102	101	203
(A)-2	109	121	230	(B)-2	64	82	146
(A)-3	88	63	151	(B)-3	18	10	28
(A)-4	22	22	44	(B)-4	66	57	123
計	250	250	500	計	250	250	500
独立性の検定	P＝0.071			独立性の検定	P＝0.162		

注：類型に対する独立性は、価格設定ごとに居住地について独立性の検定の結果をそれぞれＰ値で示した。

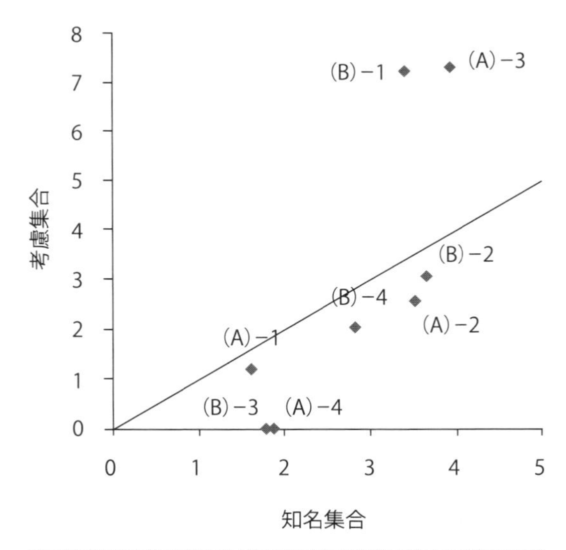

図 7-5　類型別の知名・考慮集合のサイズ

注：補助線は y＝x である。

名集合を考慮集合が上回る傾向がある。これらの類型は、偶発的選好の条件となる、非知名かつ考慮集合がもっとも大きく、かつ、偶発的選好もそれぞれの価格設定でもっとも多く行われている。また、類型ごとの最終的な選好は図7-6のとおりであるが、類型 (A)-4 と類型 (B)-3 は最終的な選好に該当する

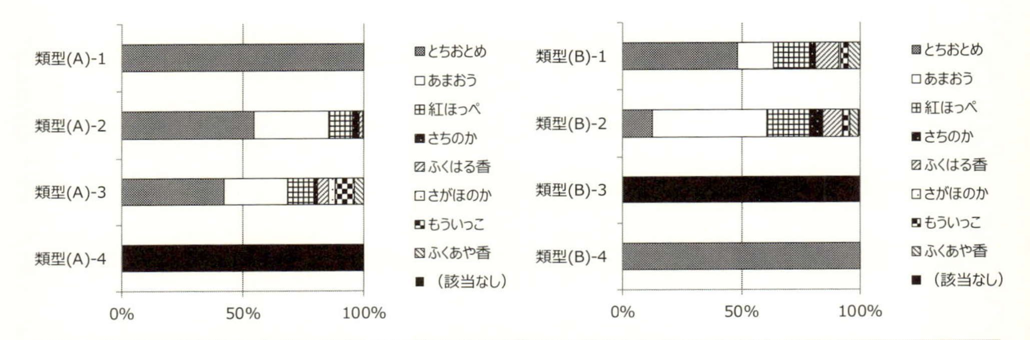

図 7-6　類型別の選好品種

品種がない類型であり、類型 (A)-1 と類型 (B)-4 は最終的な選好が「とちおとめ」に集中しており、多様な選好が見られるのは類型 (A)-2 と類型 (A)-3、類型 (B)-1 と類型 (B)-2 である。

意思決定の特徴は表 7-11 のとおりである。多様な選好を行う類型の間では、

表 7-11　類型別の意思決定の特徴

類型	非知名かつ考慮集合	偶発的選好	反復的購買	地元志向	探索的購買	低価格志向
(A)-1	0[c]	0[b]	−0.06	−0.07	−0.24[c]	0.19
(A)-2	0.4[b]	0.07[b]	0.02	0.02	0.02[b]	−0.05
(A)-3	3.8[a]	0.20[a]	0.04	0.04	0.20[a]	−0.05
(A)-4	0[bc]	0[b]	−0.15	−0.25	−0.51[c]	−0.06
F 値	349.67***	12.07***	0.82	1.94	22.28***	2.48
(B)-1	4.3[a]	0.24[a]	−0.08	0.05[a]	0.12[a]	0.00
(B)-2	0.6[b]	0.15[ab]	0.12	0.07[a]	0.14[a]	−0.04
(B)-3	0[c]	0[bc]	−0.12	−0.48[b]	−0.55[c]	0.20
(B)-4	0.2[bc]	0[c]	0.04	−0.02[a]	−0.19[b]	0.05
F 値	468.69***	14.54***	2.02	4.50**	17.97***	1.10

注：1) 非知名かつ考慮集合は集合のサイズであり、偶発的選好は非知名かつ選好の場合を 1 としたダミー変数である。
2) F 検定の結果について、***、** はそれぞれ 0.1%、1% 水準で有意である。また、Tukey の方法によるポストホックテストの結果、アルファベットの同一符号間に有意水準 5% で差はない。

いずれの価格設定においても非知名かつ考慮集合のサイズが異なっている。価格設定(A)については、偶発的選好の発生割合とイチゴの購買に関する意識における探索的購買の値が異なっている。

これらのことから、非知名かつ考慮集合と偶発的選好の発生に基づいて、以後、類型(A)-3と類型(B)-1に焦点を当て、意思決定を分析する。

(4) 偶発的選好を行う類型における選好

もっとも多く偶発的選好が発生する類型である、類型(A)-3と類型(B)-1の最終的な選好について示したものが表7-12である。類型(A)-3においては、「とちおとめ」「あまおう」「紅ほっぺ」「もういっこ」が多く選好されており、そのうち「もういっこ」はそのすべてが偶発的選好であった。また、類型(B)-1においては、「とちおとめ」「あまおう」「紅ほっぺ」「ふくはる香」が多く選好されており、なかでも「ふくはる香」において偶発的選好が多く見られる。

偶発的選好の決定要因を分析するため、類型(A)-3の151件と類型(B)-1の203件について、選好を応答変数とし、年齢、有業ダミー、家族人数、子供人数、福島ダミー、反復的購買因子、探索的購買因子、低価格志向因子、地元志向因子からなる個人特性を説明変数として用いた決定木分析を行った結果

表7-12　類型別の選好における偶発的選好

品種名	(A)-3		(B)-1	
	度数	うち偶発的選好	度数	うち偶発的選好
とちおとめ	**64**	1	**98**	4
あまおう	**39**	3	**31**	3
紅ほっぺ	**17**	1	**31**	7
さちのか	2	0	5	1
ふくはる香	7	6	**20**	**17**
さがほのか	4	2	1	—
もういっこ	**12**	**12**	7	7
ふくあや香	6	5	10	9

注：選好の度数と偶発的選好について、多く行われているものを太字で示した。

を図 7-7 に示す。分析には R と mvpart パッケージを用いた。図 7-7 (a) に示した類型 (A)-3 については、探索的購買因子によって分岐しており、探索

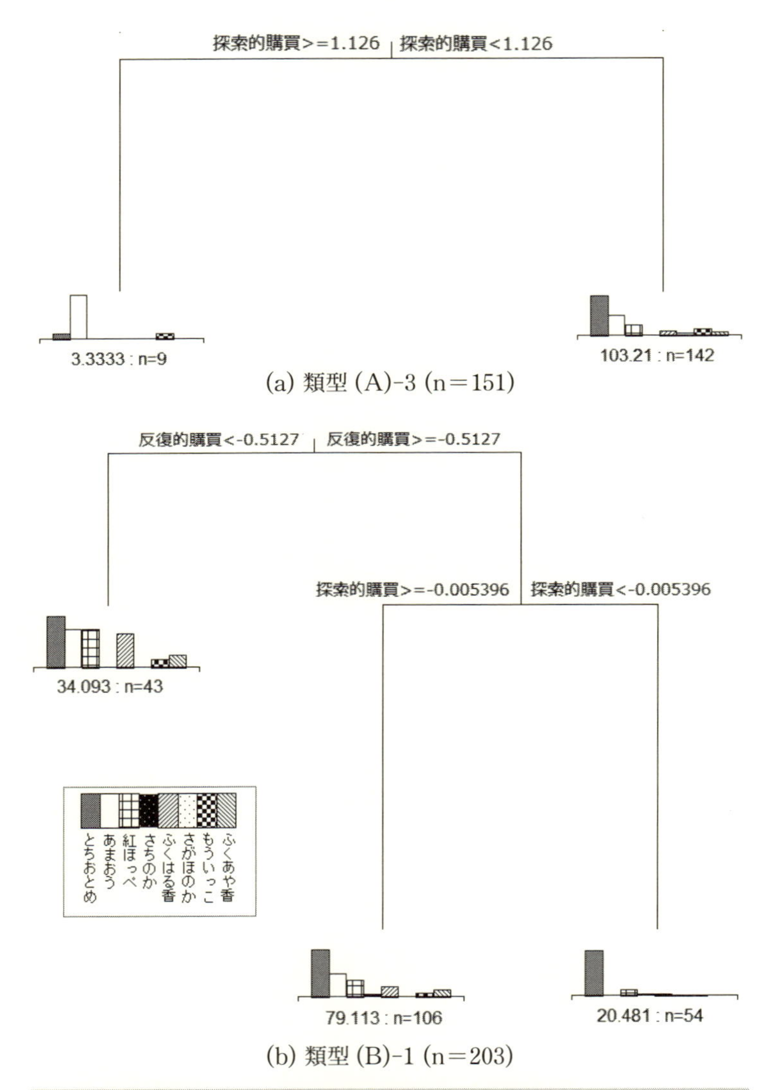

(a) 類型 (A)-3 (n＝151)

(b) 類型 (B)-1 (n＝203)

図 7-7　偶発的選好を行う類型における選好要因

注：決定木分析の結果を示した。なお、凡例は (a)、(b) に共通である。

的購買因子が大きい場合に「あまおう」が選好される。探索的購買因子が小さい場合には多様な品種が選好されており、偶発的選好の多い「もういっこ」も多くがこの枝に含まれる。図7-7 (b) に示した類型 (B)-1 については、はじめに反復的購買因子によって分岐し、反復的購買因子が小さい場合は、偶発的選好の多い「ふくはる香」も含めて多様な品種が選好される。反復的購買因子が大きい場合は、探索的購買因子によってさらに分岐し、探索的購買因子が大きい場合はもっとも多い「とちおとめ」のほかにも多様な品種が選好されており、探索的購買因子が小さい場合は「とちおとめ」に選択が集中している。

選好理由は、「1品種を選ぶに当たって決め手になったことは何か」という質問によって自由回答方式によっても調査している。この自由回答による選好理由を調査するため、テキストマイニング手法によって分析を行う。類型 (A)-3と類型 (B)-1 の自由回答を形態素解析し、特徴の表れやすいと考えられる名詞、動詞、形容詞を抽出し、N-gram[2)] によって自由回答の特徴を記述する。なお、分析には RMeCab 0.98 を使用した。

先に表7-12に示した選好の多い4品種について、品種ごとに形態素解析を行った結果が表7-13および表7-14である。類型 (A)-3 における「とちおとめ」は「安い」「手頃」といった形態素が特徴的であり、「購入している」「食べたことがある」といった記述を示唆するトライグラムが見られる。「あまおう」は、「高い」という形態素が見られ、また、「おいしい」という形態素がもっとも多く、「話題になっている」というトライグラムが特徴的である。「紅ほっぺ」では「名前」という形態素が多く見られる。「もういっこ」では、「名前」「ネーミング」「かわいい」といった形態素と「食べたことがない」というトライグラムが特徴的である。類型 (B)-1 では、「とちおとめ」に「慣れる」「安い」「馴染み」という形態素と「食べ慣れている」というトライグラムが特徴的である。「あまおう」では「おいしい」「甘い」「高い」という形態素と「食べたことがない」「前に食べておいしかった」といった記述を示唆するトライグラムが見られる。「紅ほっぺ」では、「おいしい」「甘い」「かわいい」「ネーミング」という形態素と、「食べたことがない」というトライグラムが見られる。「ふくはる香」では、「名前」「福島」「地元」という形態素と、「食べたことがない」というトライグラムが特徴として見られる。

表 7-13　類型 (A)-3 における選好理由の自由記述

とちおとめ (n=64)		あまおう (n=39)		紅ほっぺ (n=17)		もういっこ (n=12)	
形態素	度数	形態素	度数	形態素	度数	形態素	度数
安い	22	おいしい	21	食べる	7	食べる	6
値段	18	食べる	21	名前	5	名前	5
食べる	16	いる	11	おいしい	5	こと	5
いる	14	ある	8	以前	4	ない	4
価格	13	値段	5	値段	3	かわいい	3
ある	12	そう	5	する	3	聞く	2
する	11	あまおう	5	こと	3	もういっこ	2
味	10	買う	4	ある	3	ネーミング	2
おいしい	10	知る	4	イチゴ	3		
こと	9	思う	4				
手頃	9	高い	4				
品種	6	以前	4				
		みる	4				
		ない	4				
		する	4				

トライグラム	度数	トライグラム	度数	トライグラム	度数	トライグラム	度数
購入－する－いる	3	話題－なる－いる	2	－	－	食べる－こと－ない	3
食べる－こと－ある	3						
食べる－こと－ない	3						

注：選好の多い4品種について、頻出した形態素とトライグラムを示した。なお、「紅ほっぺ」のトライグラムはすべての頻度が1であるため、記載していない。

表 7-14　類型 (B)-1 における選好理由の自由記述

とちおとめ (n=98)		あまおう (n=31)		紅ほっぺ (n=31)		ふくはる香 (n=20)	
形態素	度数	形態素	度数	形態素	度数	形態素	度数
食べる	35	おいしい	19	おいしい	10	食べる	13
いる	35	食べる	14	名前	9	こと	10
ある	34	甘い	6	食べる	8	ない	9
おいしい	24	そう	5	そう	7	思う	6
こと	17	ある	5	こと	6	みる	6
する	15	高い	4	かわいい	6	名前	5
慣れる	15	値段	3	思う	5	福島	5
値段	12	他	3	ネーミング	5	地元	4
ない	12	ない	3	ない	5	値段	4
安い	12	こと	3	値段	4	産	4
馴染み	11			甘い	4	ふく	4
価格	10					の	4
トライグラム	度数	トライグラム	度数	トライグラム	度数	トライグラム	度数
食べる − 慣れる − いる	8	食べる − こと − ない	2	食べる − こと − ない	5	食べる − こと − ない	6
食べる − こと − ある	5	食べる − とき − おいしい	2	名前 − おいしい − そう	2	こと − ない − 品種	2
		前 − 食べる − おいしい	2			食べる − みる − 思う	2
						聞く − こと − ない	2

注：選好の多い４品種について、頻出した形態素とトライグラムを示した。

第５節　考察

イチゴの品種を対象として購買意思決定プロセスを分析した結果は以下のとおりである。

意思決定プロセスにおける知名、考慮、選好の各段階で標準的な品種である「とちおとめ」が多く選ばれる傾向にあり、「とちおとめ」のブランド力の強さがうかがわれる。また、「とちおとめ」と同程度の水準に価格を設定した場合に他の品種が選ばれる割合が高まることから、未知の品種であっても選択される可能性はあると考えられる。

購入を検討する品種の数で表される考慮集合のサイズは3～4であり、Hauser and Wernerfelt [6] による食品の考慮集合と同程度であったため、さまざまなイチゴの品種が異なるブランドとして消費者に受け入れられていると考えられる。この考慮集合のサイズを規定する要因の1つが知名集合のサイズであることはBrisouxとLarocheの概念図に示された絞り込みと符合するが、回答者によっては考慮集合のサイズが知名集合のそれを上回る場合も見られ、Peter and Olson [5] による考慮集合形成プロセスに示される、非知名でも考慮され最終的な選好に至る偶発的選好が、イチゴの品種選択において確認された。このことは、新品種が店頭で未知であっても消費者の考慮集合に入ることを裏づけるものである。さらに、考慮集合のサイズを規定する他の要因は、提示された価格、年齢やイチゴ購買における探索的購買因子、反復的購買因子である。恩蔵 [9] は、バラエティ・シーキング型の購買行動をとる消費者にあっては想起集合のサイズが大きくなるとしているが、本研究における考慮集合のサイズと探索的購買因子の関係においても同様の結果と捉えられる。また、価格が安いことも考慮集合への導入を促すため、価格設定を低くすることも手段の一つと考えられるが、本研究において考慮していない果実の大きさや鮮度といった価格差の根拠となるような果実品質を高めるという手段も可能性があると考えられる。

偶発的選好の条件となる非知名かつ考慮集合を形成する要因について、考慮集合を形成する要因と比較すると、福島県に居住している場合に正の影響があることが注目される。本研究では品種の選択肢集合に福島県オリジナル品種である「ふくはる香」「ふくあや香」が含まれているが、これらの品種名は育成地名を示唆しているため、探索的な行動において地元育成品種であることから考慮されたとも考えられよう。非知名かつ考慮集合の形成には探索的購買因子の影響が大きいことも、その後押しとなったと推察される。

購買意思決定プロセスから回答者を類型化した結果、知名集合と考慮集合の関係からBrisouxとLarocheの概念図に示された絞り込みを行う類型と、PeterとOlsonの考慮集合形成プロセスの絞り込みを行う類型があることが明らかとなった。後者の偶発的選好を行い、かつ、多様な品種を選好する類型が確認されたため、その類型について特徴を整理し、選好の過程を分析した。類型の特徴は、価格設定に依らず探索的購買因子が大きく、価格設定が低い場合には地元志向因子が大きいというものである。偶発的選好が多く行われているのは、比較品種の価格が標準品種と同じ価格に設定されている場合においては、反復的購買因子が小さい場合、また、反復的購買因子が大きく、かつ、探索的購買因子が大きい場合である。比較品種の価格が標準品種より高い場合は、探索的購買因子が大きい場合において「あまおう」が選択され、探索的購買因子が小さい場合に偶発的選好が行われている。探索的購買因子の大きい偶発的選好を多く行う類型にあって、探索的購買因子がとくに大きい場合において「あまおう」が選択されているという結果については、この７件の、「あまおう」を選好している回答者のすべてが偶発的選好ではない絞り込みによる選好を行っており、また、探索的購買因子がとくに大きいこれらの回答者については反復的購買因子も大きく、探索の結果として喫食経験に基づいて自らが納得のいく品種を見つけていることが示唆される。また、最終的な選好の理由を自由記述によって分析すると、「とちおとめ」は「食べたことがある」「慣れる」「馴染み」といった記述が見られ、喫食経験が豊富であることをうかがわせるのに対して、他の品種では「食べたことがない」ということを理由としてあげられている。また、「とちおとめ」に対して、比較品種の価格が高い水準および同水準である場合のいずれにも「とちおとめ」には「安い」という記述が見られるのが特徴である。「あまおう」については、「おいしい」という形態素がもっとも多頻度であり、また、食べた経験に基づくおいしさについて記述している。さらに、「高い」という形態素が多く見られることから、高価格をシグナルとした期待があることが推察される。「紅ほっぺ」は、「名前」や「かわいい」という形態素も多く、ネーミングのよさが好感をもたらしていると考えられる。標準品種より高い水準である場合に選好されている「もういっこ」も、「名前」や「かわいい」という形態素が見られる。標準品種と同水準である場合に選好されている「ふくはる香」では、「名前」に加えて「地元」「福島」という回答者に伏せられていた育成地の記述も見られた。「ふくはる香」は「ふく」という育成地の福島県を示唆する言葉が含まれている品種名であるが、地元育成品種であることによって形成された好感から消費者の選好がもたらされていることがうかがえる。

地域性の強い品種として調査した「ふくはる香」であるが、類型(B)-1において選択した20件のうち、福島県に居住しているのは12件であり、うち9件が偶発的選好である。また、首都圏に居住している8件はすべて偶発的選好である。「ふくはる香」は標準品種と同水準の価格設定で多く選好されているが、選好する消費者の特徴は反復的な購買を行わず、探索的な購買を行うというものである。選好理由の「食べたことがない」という記述は、それを裏づけるものである。習慣的な購買を行い、探索的な購買を行わない場合において選好されている「とちおとめ」において、「食べ慣れている」や「馴染み」という記述が見られることとは対照的といえるだろう。

また、「紅ほっぺ」「もういっこ」の選好理由において、「かわいい」という形態素が多く見られる。「かわいい」イメージを形成することは、消費者の好感の形成につながり、選好をもたらす可能性が考えられる。

本研究では、偶発的選好を行う傾向のある類型として類型(A)-3と類型(B)-1を対象としてきたが、類型(B)-2について述べる。類型(B)-2は、比較品種と標準品種を同じ価格設定としている価格設定(B)において、類型(B)-1と類似した選好が見られる。類型(B)-2が意思決定プロセスについて類型(B)-1と異なるのは、知名集合が考慮集合を上回っている点であり、非知名かつ考慮集合の大きさは小さい。また、類型(B)-2は多様な品種を選好しているが、その多くを占めるのは「あまおう」の選好であり、結果的に全類型のなかで「あまおう」をもっとも選好している割合の多い類型となっている。なお、この類型(B)-2において「あまおう」を選好した71件のうち偶発的選好は6件に留まり、他の品種においても偶発的選好の割合は類型(B)-1に比較して少ない。探索因子が大きいという点では類型(B)-1と似た傾向であるが、より習慣的かつ高価格を受容する購買行動を示しているといえよう。こういった消費者類型は、高級品種として知名度を得ている品種であれば有力なターゲットとなり得るが、新たに育成された品種の導入始期にあっては偶発的選好を行う類型(B)-1が主なターゲットと考えられる。

意思決定プロセスにおいてイチゴの品種の情報を用いて購買意思決定を行う消費者の類型を特定し、選好の要因を分析した結果から、多様な品種を選好する消費者の類型において、食べてみたいという興味の喚起と品種名による好意的イメージ、地元育成品種としての地域的なつながり、適切な価格設定といった要素によって、知らない品種でも購入を検討し、最終的な選好に至る偶発的選好が起きることが確認された。このことによって、新たに育成した品種の情報による差別化の可能性が示唆される。

以下、産地マーケティングへの含意を述べる。本研究では、具体的な購買状況については調査していないため、各類型の購買チャネルや頻度、価格について議論することはできない。しかし、一般的なスーパーの売場では品種名がPOPに示されていることを考えると、イチゴの品種名による好感の喚起は無視できないため、育成した新品種のネーミングは非常に重要であるといえよう。また、価格設定についても１パック当たり100円という価格差が選択行動に大きく影響を与えており、量目を減らした１段パックにすることで１パック当たりの価格差を圧縮するような値ごろ感を演出するためのパッケージも検討すべきである。さらに、新品種はロットが小さいために量販店での展開が難しい場合があるが、「ふくはる香」の選好理由に「地元に貢献したい」といった記述が見られるように、直売所や庭先での直販といった販売チャネルを活用する場面も考えられる。品種の違いのアピールなど、探索的な選択行動を演出する売場の工夫も必要であろう。

新品種を用いた産地振興は、品種の育成だけで完結するものではなく、産地のおかれた多様な環境に応じた戦略として、育成品種の位置付けを明確化する必要があり、適切なターゲットを想定した販売戦略を構築することで偶発的選好を端緒とした販売の拡大が期待される。

注

1) 調査対象を特定の性、年齢、職業などで絞り込み、条件を満たす該当者に調査協力を依頼する方法であり、インターネット調査において一般に多用される方法の一つである(大隈[12])。
2) N-gramとは、文字や形態素、品詞情報がN個つながった組み合わせのことであり、N＝3の場合をトライグラムと呼ぶ。

引用文献

[1] 梅本雅 (2009)『青果物購買行動の特徴と店頭マーケティング』農林統計出版、pp.5-21.

[2] 新山陽子・西川朗・三輪さち子 (2007)「食品購買における消費者の情報処理プロセスの特質：認知的概念モデルと発話思考プロトコル分析」『フードシステム研究』第14巻第1号、pp.15-33.

[3] Blackwell, Roger D., James F. Engel and Paul W. Miniard (2005) *Consumer Behaviour*, South-Western; International ed.

[4] Brisoux, J.E. and E.J.Cheron (1990) Brand Categorization and Product Involvement. *Advances in Consumer Research*, vol.17, pp.101-109.

[5] Peter, J.P. and J.C.Olson (2008) *Consumer Behavior and Marketing Strategy (8th ed.)*. McGraw-Hill, pp.168-169.

[6] Hauser, J.R. and B.Wernerfelt (1990) An Evaluation Cost Model of Consideration Sets. *Journal of Consumer Research*, vol.16, pp.393-408.

[7] Roberts, J.H. and J.M.Lattin (1997) Consideration: Review of Research and Prospects for Future Insights. *Journal of Marketing Research*, vol.34 no.3, pp.406-410.

[8] Gensch, D.H. (1987)A Two-Stage Disaggregate Attribute Choice Model. *Marketing Science*, vol.6 no.3, pp.223-239.

[9] 恩蔵直人 (1994)「想起集合のサイズと関与水準」『早稲田商学』第360・361号、pp.99-121.

[10] 清水聰 (2006)「考慮集合形成メカニズム」『戦略的消費者行動論』千倉書房、pp.95-110.

[11] 狩野裕・三浦麻子 (2002)『AMOS、EQS、CALISによるグラフィカル多変量解析：目で見る共分散構造分析』現代数学社、pp.160-162.

[12] 大隅昇 (2002)「インターネット調査」林知己夫編『社会調査ハンドブック』朝倉書店、pp.200-240.

表７－補遺　自由記述の具体的内容

(類型(A)-3「もういっこ」)

選好理由	居住地	偶発的選好
知らないから	首都圏	○
名前。もういっこ食べたくなるのか試したい。	首都圏	○
食べたことがなくて、値段も許容範囲	首都圏	○
聞いたことがない名前だったので。	首都圏	○
食べたいから	福島県	○
めずらしい名前だから	福島県	○
なんとなく	首都圏	○
聞いたことも食べたこともない、ネーミングが可愛い	福島県	○
ネーミングが可愛い！	福島県	○
名前が可愛い	首都圏	○
食べたことがないから	福島県	○
名前にひかれて、もういっこ・・食べてみたいと思った。	福島県	○

(類型(B)-1「ふくはる香」)

選好理由	居住地	偶発的選好
まだ食べた事が無いし、たぶん、福島で作られた品種だったと思うから。	福島県	×
まだ食べていない種類だから	首都圏	○
食べたことがないので、食べてみたいと思った	福島県	×
食べたことがないから。似たような名前のものがあったので作っている人が自信があるのかなと思って。	首都圏	○
値段が手ごろで、名前にひかれた	福島県	○
まったく聞いたことがない品種で、値段もお手ごろなので。	首都圏	○
試してみたい	首都圏	○
名前のイメージで甘くておいしそうかなぁと思いました。あまり聞いたことのない品種だったので、一度食べてみたいと思いました。	福島県	○
最初にネーミング。値段。	首都圏	○
福島産だとイメージできるネーミングだったから。(もし福島産なら)いいイメージだから。地元産のいちごを買って、地元に貢献したいから（地元にお金をおとしたいから）	福島県	○
良い香りがしそうだから。	福島県	○

特別な感じがする	首都圏	○
食べたことがないので、店頭で見つけたら食べてみたい。	福島県	×
地元産だから	福島県	○
食べたことがないし、値段も手ごろ。「ふく」というのは福島の「ふく」だったらいいなと思うが福岡の意味なのか福井なのか、迷いましたが、福島の「ふく」ならよりいっそう食べてみたい。	福島県	○
食べたことがないので。	福島県	○
こんなにたくさんの種類のいちごがあるとは知らなかった。ふくはる、という名前がよいので、試してみたい。	福島県	○
名前がカワイイから。	福島県	○
食べたことがなく、ネーミングにひかれた	首都圏	○
食べたことも見たこともないから	首都圏	○

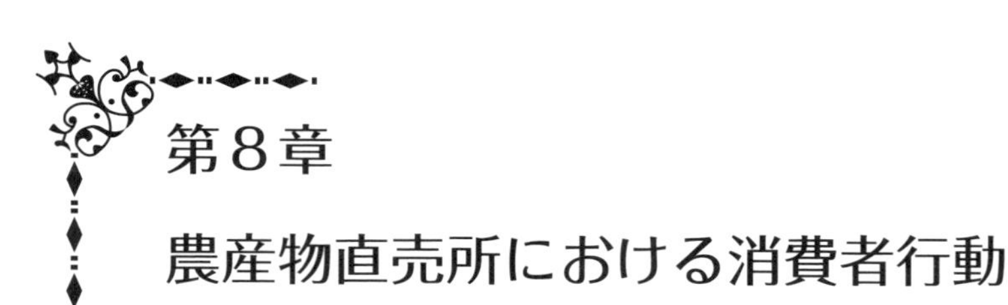

第8章 農産物直売所における消費者行動

第1節　背景と目的

第7章では、知名のない品種が最終的な選好に至る過程について分析した。消費者が店頭で知らない品種に出会った場合、POP（point-of-purchase display, 紙に商品名や価格、説明文などを書いたもの）に書かれた品種名は購買意思決定の手がかりとなることが期待される。また、第5章で検討したように、品種名は消費者にイメージを喚起することができるが、品種名そのものに加えて、説明文を加えることが購買意思決定に影響する可能性もある。とくに、第6章で確認したように、消費者が地元で育成された品種であることによって好意的な態度を形成し、その態度が購入意向につながるのであれば、地元で育成された品種であることをPOPによって伝えることは、県が育成した品種として有効な店頭での販促となるであろう。

本章では、農産物直売所に設置した試験区における消費者行動を分析することによって、消費者が実店舗においてどのように購買意思決定を行っているのかを明らかにする。対象として、福島県が育成した「ふくはる香」を用い、県オリジナル品種であることを表示したPOPによって購買行動に差が生じるのか分析する。分析にあたっては、直売所内での行動を観察し、併せて認知科学的なアプローチを行う。なお、本章の調査にあたっては、中央農業総合研究センターの協力と助言を得て行った。

第2節　データと方法

1. 調査概要

調査を行った店舗は、福島県郡山市にあるJA全農福島県本部の農産物直売所「愛情館」である。調査期日は、イチゴの出回り期である2011年1月13日(木)、1月14日(金)の2日間である。2日間とも、入込客数の多い10:00 ~ 12:00に実施した。

イチゴの売り場については、農産物直売所内部の入り口付近に仮設した。2つの棚を背中合わせに設置し、中央にPOPを設置した(図8-1)。なお、調査を実施した直売所においてこの仮設売り場以外ではイチゴを販売していない。

イチゴはすべて300グラムレギュラーパックで1パックごとに販売された。なお、作況等を反映して、初日と2日目では陳列アイテムが異なる(表8-1)。一般的な価格と産地の他、生産者名や栽培方法、所属するJAのブランド等が

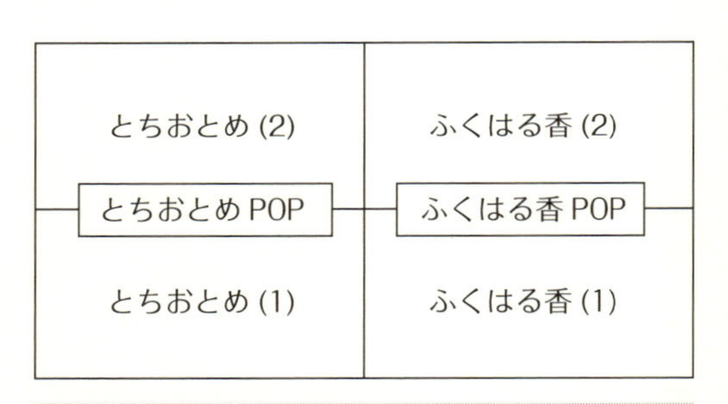

図8-1　イチゴ売り場の配置

表8-1　イチゴ売り場の配置

	品種名	価格	その他の表示
初日	ふくはる香	550	生産者名、郡山市内産、ステビア農法、片平町のいちご
	とちおとめ	450	生産者名、郡山市内産
		490	生産者名、郡山市内産
2日目	ふくはる香	550	生産者名、郡山市内産、ステビア農法、片平町のいちご
		500	生産者名、みりょく満点、JA東西しらかわ、エコファーマー
		460	生産者名、鏡石いちご、JAすかがわ岩瀬、エコファーマー
	とちおとめ	490	生産者名、郡山市内産
		390	生産者名、郡山市内産
	さちのか	520	生産者名、郡山市内産
		490	生産者名、郡山市内産

フィルムや、フィルムに貼られたシールによって表示されていた。

2. 方法

(1) 購買実験

県オリジナル品種であることによる購買行動への影響を販売実数量によって評価した。店頭でのPOPについて、県育成品種である旨を表示した試験区と、県育成品種である旨を伏せた対照区を比較するという区の設定である。POPのイメージは図8-2のとおりである。なお、「県オリジナル品種」という表現は一般の消費者において理解が困難であると考えられるため、本研究においては「福島県が作った品種」という表現を用いた。実施にあたっては、調査初日を対照区として、調査2日目を試験区とした。したがって、初日と2日目でPOPを変更し、調査時間における「ふくはる香」と「とちおとめ」のアイテムごとの販売数量を比較した。

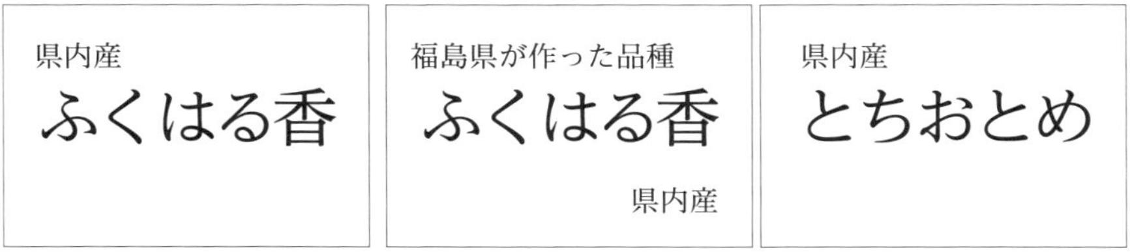

(a) 対照区ふくはる香

(b) 試験区ふくはる香

(c) 区共通とちおとめ

図8-2　区の設定イメージ

(2) 滞在時間調査

直売所での消費者の行動において、イチゴというアイテムがどのような位置付けとなっているかを、売り場の滞在時間から明らかにする。

この直売所は入口から出口が一方通行であり、客動線において入店からレジに並ぶまでの店舗の滞在時間と、イチゴ売り場を区画して売り場の滞在時間をそれぞれ計測した。なお、対象者の抽出にあたっては系統抽出法を用いた。

(3) 出口調査

イチゴの購買の有無に関わらず、来店の目的とイチゴ売場に対する認識の程度を確認するため、店舗出口において調査時間内のすべての来店者を対象として対面聞き取りによる質問紙調査を実施した。質問項目は、来店した頻度、購入した品目、購入したイチゴの詳細、イチゴを選択した理由である。

(4) 購買行動調査

消費者行動について、視野および視点を捕捉できるアイカメラと発話の記録によって分析を行った。アイカメラはナックイメージテクノロジー社のEMR-8Bを使用した(図 8-3)。

方法は、被験者が実際にイチゴ売り場でイチゴを1種類選択する、という行動を記録し、続いて、その視野の映像を見ながら、その時に何を考えていたかを振り返って発話するレトロスペクティブ・レポートによる調査を行った[1)]。行動調査の対象は郡山市に居住する6名の成人女性であるが、紙幅の制約によりここでは2名の結果を示す。

図 8-3　アイカメラによる調査

第 3 節　結果

1. 購買実験

調査時間における直売所の来店数は、初日は女性 220 名、男性 97 名の合計 317 名、2 日目は女性 238 名、男性 74 名、合計 312 名であり、両日とも同程度の入り込みである。

調査時間内に実際に購入されたパック数を表 8-2 に示す。イチゴ全体として 2 日目のほうが購買パック数は多い。調査時間全体では「ふくはる香」の購買パック数が多い結果となったが、2 日目は「とちおとめ」の陳列数が少なく、調査時間内に完売に近い状態であった。したがって、2 日目について、ほぼすべての「とちおとめ」が売れた 11 時までの数字を併せて示す。

本研究は「ふくはる香」に対する購買行動を分析するものだが、POP に育成者の情報がない初日は「ふくはる香」の購買パック数が比較的少なかったのに対して、POP に県が育成した品種であることを示した 2 日目は「ふくはる香」の購買パック数が「とちおとめ」「さちのか」といった既存の品種と拮抗していると考えられる。

表 8-2　販売パック数

		ふくはる香	とちおとめ	さちのか	合計
初日	10 時～ 12 時	9	20	−	29
2 日目	10 時～ 12 時	27	15	16	58
	(10 時～ 11 時)	(17)	(14)	(12)	(43)

注：2 日目については、11 時までの結果をカッコ内に示した。

2. 滞在時間調査

消費者の直売所での行動において、イチゴがどのように位置づけられているのかを知るため、直売所における滞在時間に占めるイチゴ売場での滞在時間の割合を計測する。対象者の抽出にあたっては系統抽出法を用いた(表 8-3)。直売所全体での滞在時間は 8 ～ 9 分と幅があるものの、初日と 2 日目で大きな

表 8-3　売り場の滞在時間

	イチゴ	その他	全体
初日	0分8秒 (0分15秒)	8分0秒	8分8秒
2日目	0分18秒 (0分27秒)	9分26秒	9分44秒

差はない。一方、イチゴ売り場については2日目の滞在時間が初日のそれを上回った。直売所全体に占めるイチゴ売り場の滞在時間は必ずしも大きくないと考えられる。

3. 出口調査

2日間を通じての直売所への来店者および購入したものは表 8-4 のとおりである。来客者の属性として、女性が多いこと、高齢者の割合が多いことは直売所の客層として既存の研究でも指摘されているとおりである。来店頻度については、もっとも多いのが週1回程度であった。また、購入した品目では、ほとんどの回答者が「野菜」と答えていた。そのほか、卵や加工品といった回答が多いのがこの直売所の特徴と考えられる。なお、「購入したものはない」という回答も 2% 程度あった。

このうち、イチゴの購入について表 8-5 に示す。イチゴの購入の有無と、どんなイチゴを買ったか、購入したイチゴを選択するにあたって考慮した点に

表 8-4　来店者の概要（n=233）

性別		年齢		来店頻度		購入	
女性	204 (88)	20代以下	8 (3)	週2回以上	82 (35)	野菜	215 (92)
男性	22 (9)	30代	25 (11)	週1回程度	97 (42)	果物	25 (11)
		40代	38 (16)	月3回以下	53 (23)	花	35 (15)
		50代	61 (26)	初めて	1 (0)	コメ	10 (4)
		60代	69 (3)			肉・卵	65 (28)
		70代以上	25 (11)			加工品	46 (20)
						購入なし	5 (2)

注：カッコ内は割合を示す。

表 8-5　出口調査における購入したイチゴの詳細

	品種名	その他	パック
初日	—		—
	とちおとめ		2
	ふくはる香	郡山産	—
	とちおとめ		2
	ふくはる香		1
	とちおとめ		—
	ふくはる香		1
	—	安いもの	1
	—		1
2日目	ふくはる香	鏡石産	—
	さちのか		—
	とちおとめ		—
	さがほのか		—
	ふくはる香		—
	とちおとめ		—
	さちのか		—
	とちおとめ	鏡石	—
	さちのか		—
	—	郡山、柳沼不二子さんの目当ての生産者	—
	—		—
	とちおとめ	郡山、L玉	—
	とちおとめ	郡山産	—
	とちおとめ(さちのか)		1
	とちおとめ		1
	とちおとめ		—
	とちおとめ		—

注：質問紙に回答がないものをハイフンで示した。

ついて質問した。また、質問にあたっては消費者が意識していないことは回答とみなしていない。つまり、イチゴを選んで購入しているが品種名を意識していない場合、品種名については回答なしと判断した。

イチゴを購入した回答者に対して、「このイチゴを選んだ理由はなんですか？」という質問文によって行った選択理由に関する選択肢は、「おいしそうだから」「食べたことがなかったから」「値段がちょうどよいから」「評判のよい品種だから」「いつも買っている品種だから」「いつも買っている産地や生産者だから」「郡山市内産だから」「福島県内産だから」「県が作った品種だから」「その他」である。

本研究が対象としている「ふくはる香」と比較品種である「とちおとめ」について、購入した品種とこれらの選択理由との間の関連をコレスポンデンス分析により図示したものが図 8-4 である。県が作った品種であることを明示した「試験区ふくはる香」と「対照区とちおとめ」が比較的近くに位置している。この 2 品種ともっとも近い選択理由は「おいしそう」であり、「試験区ふくはる香」

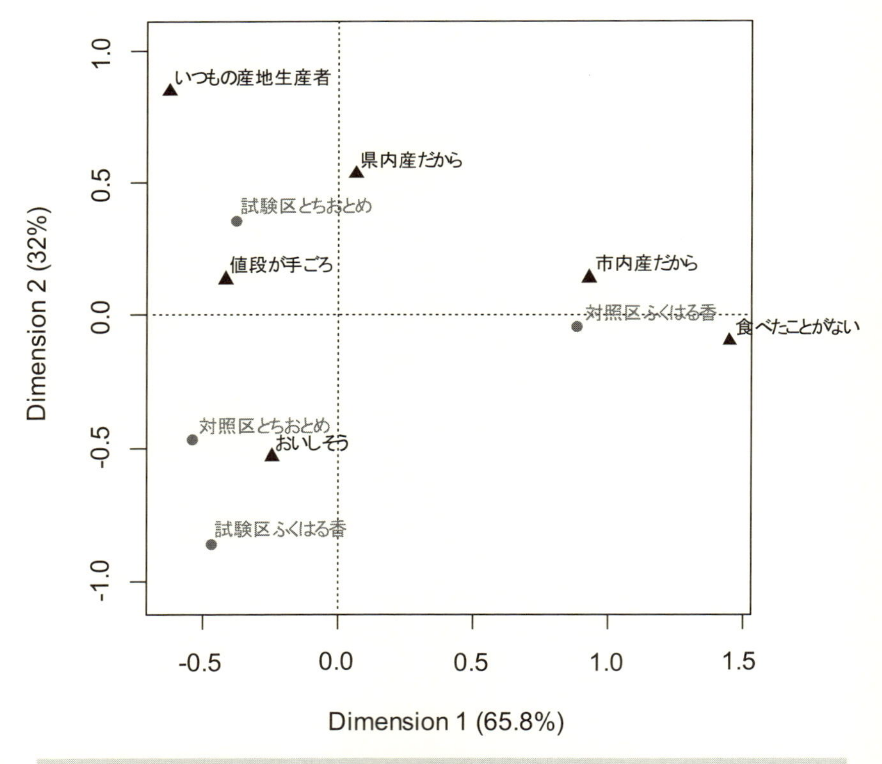

図 8-4　購入しているアイテムと購入する理由

注：コレスポンデンス分析を行い、次元 1 と 2 について、カッコ内に寄与率を示した。

と「対照区とちおとめ」はおいしそうであることが購入理由となっている。一方、「対照区ふくはる香」は「食べたことがない」に近い場所に位置している。試験区と対照区で「ふくはる香」に対する評価が変化していることがこの図から読み取れる。なお、POPによって購買意思決定の影響が期待された「県が作った品種だから」といった評価は今回の調査からは得られていない。

4. 購買行動調査

2名の被験者A、Bについて、購買行動においてアイカメラによって得られた視点の情報と事後に録画された視野および視点を見ながらの発話によるレトロスペクティブ・レポートの結果を示す。

購買行動調査の前に被験者に対して行った予備調査の結果は以下のとおりである。

被験者Aは、イチゴの普段の購入頻度は月2～3回程度、購入する場所はスーパーあるいは農家から直接、1回あたりの購入量は箱買い、購入する産地は須賀川と栃木県、購入する品種は「とちおとめ」「紅ほっぺ」「ふくはる香」「ふくあや香」、購入する価格の基準は298円である。

被験者Bは、購入頻度は週1回、スーパーまたは直売所で購入し、1回あたりは1パック購入、産地は伊達、品種は「とちおとめ」「あまおう」、価格の基準は398～498円である。

アイカメラは瞳孔の動きから視点を捕捉できる調査機器である。このアイカメラで捕捉した視点を本研究ではアイマークと呼ぶこととする。被験者Aについて表8-6に、被験者Bについて表8-7に売り場と経過時間に対応させたアイマークの頻度を陳列アイテムとPOPについて示した。

被験者Aについては、売り場を(1)→(2)→(1)→(2)と移動している。はじめに進入した(1)では「ふくはる香460」のアイマークがもっとも多く、「とちおとめ」「さちのか」続いている。移動した(2)では、「ふくはる香550」を「ふくはる香500」が上回っている。この時、POPについてもアイマークが見られるが、イチゴのパックよりもはるかに少ない。2回目に(1)に進入した際には、1回目の進入よりもいずれのアイテムにおいてもアイマークが増えている。

とくに、「とちおとめ」と「ふくはる香460」のアイマークが拮抗する形で増えており、この2つを比較しているようであった。2回目の(2)への進入では1回目とそれほど大きな違いはないが、反対側の棚にある「ふくはる香460」のアイマークも見られ、「ふくはる香」のなかで比較しているものと推察される。この間も、頻度は小さいがPOPへのアイマークが見られた。結果的に、もっとも多いアイマークが見られる「ふくはる香500」が最終的に選好された。

被験者Bについては、売り場の移動は(1)→(2)→(1)というものであっ

表8-6　被験者Aのアイマークの頻度

売り場	時間	とちおとめ	さちのか	ふくはる香			POP	
				460	550	500	ふくはる香	とちおとめ
(1)	1m29s	104	99	146	8	2	0	3
移動	0m09s	0	0	0	0	0	0	0
(2)	1m35s	0	0	0	208	387	21	3
移動	0m16s	0	0	0	0	0	0	0
(1)	2m45s	417	156	391	0	0	0	0
移動	0m13s	0	0	0	0	0	0	0
(2)	1m18s	0	0	21	237	412	44	0
計	7m45s	521	255	558	453	389	65	6

注1：売り場(1)、(2)は図8-1と対応している。また、表中の「ふくはる香」の数字は価格であり、「とちおとめ」と「さちのか」については売り場が共通であるため価格を区別していない。
注2：アイマークの頻度は、0.05sを1コマとしてコマの数を計測した。

表8-7　被験者Bのアイマークの頻度

売り場	時間	とちおとめ	ふくはる香		POP	
			460	550	ふくはる香	とちおとめ
(1)	2m22s	365	816	0	0	0
移動	0m28s	0	0	0	0	0
(2)	1m38s	0	0	1539	30	6
移動	0m23s	6	0	0	0	3
(1)	7m29s	186	5880	348	138	7
計	12m20s	557	6696	1887	168	16

注1：売り場(1)、(2)は図8-1と対応している。また、表中の「ふくはる香」の数字は価格であり、「とちおとめ」と「さちのか」については売り場が共通であるため価格を区別していない。
注2：アイマークの頻度は、0.05sを1コマとしてコマの数を計測した。

たが、2回目の(1)の滞在時間が長く、全体の時間は12分を超えている。アイマークについては、1回目の(1)への進入において「とちおとめ」よりも「ふくはる香460」が多く、(2)への進入については、「ふくはる香550」のみのアイマークとなっている。2回目の(1)については、1回目と全く異なる割合で「ふくはる香460」が多く、反対側の「ふくはる香550」のアイマークも見られるため、「ふくはる香」のなかで絞り込みを行っているものと考えられる。最終的な選好は「ふくはる香460」であり、このアイマークが全体として非常に多いが、同じ品種のなかで棚を区切って分析すると、同面積の14マスの間で平均の頻度が420、標準偏差が255とばらついており、「ふくはる香460」のなかで吟味されていることがわかる。

これに応じて、アイカメラの映像を見ながら被験者の発話を記録したレトロスペクティブ・レポートの抜粋を表8-8、8-9に示す。これにより被験者の絞り込みプロセスも併せて示す。

表8-8　被験者Aのレトロスペクティブ・レポート（抜粋）

絞り込みプロセス	発話の内容
品質による吟味	とりあえず全体を見てから選ぼうかな
産地と生産者の吟味	今回は粒中心に見てます。スーパーだと値段中心に見ちゃうんですけど、食べてみて美味しそうなのを選ぼうかなと思って
価格による吟味	(ヘタの近くが白いのを見て）これではちょっとまだね、今日買って今日食べるんだとしたらっていうとここ(ふくはる香460)は無し、と思って
候補の検討	はじめに粒を見てから値段を見に行ったんで、今度は値段と両方見ながら選んでます。550円高いなとか。選んだのは結局500円位だったんですけど
品質による吟味	(反対側にあったふくはる香460を思い浮かべているんですね？)確認のため。はじめに気になったの(ふくはる香460)とぐるっと見て気になったの（ふくはる香500）とどっちかなと思って最終的には向こうに決めました
決定	(決め手はなんですか？）バランスがよかったですね。食べごろでもあるし、色合いとかも丁度いい。今日買って食べるんだったら美味しそう

表 8-9　被験者Bのレトロスペクティブ・レポート（抜粋）

絞り込みプロセス	発話の内容
品質による吟味	とちおとめを見てこのイチゴにしようかなと思ったんですけど、見てみて先がちょっと傷んでた
産地と生産者の吟味	次に見て、鏡石（ふくはる香 460）のイチゴっていうのと生産者が全部同じだったので味は同じ人が作っているから見比べなくても同じかなって
価格による吟味	値段も見てます。だいたい 400 円台だったので、いつも買ってるのが 398 か 498 の間なので同じぐらいだなと
候補の検討	片平の（ふくはる香 550）も同じ銘柄なのでこっちにしようかあっちにしようか悩んでました
品質による吟味	（ふくはる香 550 について）色が、ちょっと艶が無いなと思って。こっちの方（ふくはる香 460）が新鮮そうかなと思いながらどっちにしようか
決定	色はいいんだけどやっぱり艶はこっちがいいな

被験者 A については、全体を見て、品質により吟味、価格による吟味を経て、はじめに気になった「ふくはる香 460」に対して、全体を見て気になった「ふくはる香 500」との比較を行い、最終的に食べごろや色合いのバランスで決めている。

被験者 B については、はじめにみた「とちおとめ」から品質を検討しており、「ふくはる香」を購入すると決めた後で、絞り込みを行い、新鮮そうな艶を決め手に決定している。

第 4 節　考察

新品種にとっての課題である「知名がない」ことを POP による説明で解決することをねらいとして、「ふくはる香」が県育成品種であることを POP で示した試験区と、育成者に関する情報のない POP を用いた対照区を設定して、農産物直売所の実店舗を用いて購買実験を行った。

購買パック数は試験区で多く、県育成品種であることを POP で示した効果を支持する結果であるが、出口調査におけるイチゴの購入理由については、県育成品種であることは「ふくはる香」の購入に影響しておらず、POPの効果は限定的であると評価できる。アイカメラによる購買意思決定プロセスの調査においても、この研究はPOPの情報をどのように見ているのかを明らかにすることを目的の一つとしていたが、POPについては商品そのものに比べてほとんど見られていないということが明らかになった。このことは、価格が大きくPOPに表示されるスーパーと異なり、農産物直売所は出品者それぞれの値付けによるため、POPよりは商品そのものを見ているものと考えられる。

購買意思決定プロセスについては、同じ「ふくはる香」を選んでいてもそのプロセスは被験者によって異なるという結果が出た。複数の品種を含んだなかから最終的な選好に絞り込むという過程が消費者によって多様であることを、アイカメラとレトロスペクティブ・レポートから明らかにしたことには一定の意義があるものと考えられる。

注 ――――――

1) アイカメラとレトロスペクティブ・レポートを組み合わせることについては、農業・生物系特定産業技術研究機構 [1] によってその優位性が示されている。

引用文献 ――――――

[1] 農業・生物系特定産業技術研究機構 [編] (2005)『平成17年度研究開発ターゲット成果』http://www.naro.affrc.go.jp/publicity_report/publication/files/naro-se/target-r2005.pdf

終　章

後発産地における新品種育成による
ブランド形成の方向性

イチゴ市場は、とりわけ東日本において、「とちおとめ」が標準的な品種として消費者の高い知名度を得ており、それに対して「あまおう」がプレミアムとしてのポジションを獲得している。また、卸売価額からは拡大のピークを越えた成熟市場と評価することができる。そのイチゴ市場において、各地で都道府県を主体として新品種が育成され、育成品種のブランド化によって産地は競争を優位に進めようとしているが、この動きは市場の成熟化への対応として捉えることができる。

品種について、既存の「とちおとめ」は市場における標準的な品種として位置づけることができるため、育成した新品種をブランド化しようとする場合、「とちおとめ」との差別化が求められる。ブランド化とは、育成主体である都道府県による認証やシンボルマークを設定するのみでは成立せず、消費者にとってそれがブランドとして認識される必要がある。ブランドについては、2000年以降、関係性や価値の研究が進んでおり、消費者との関係性のなかでブランド価値を評価する「価値共創」という概念が注目されている。産地が育成した品種についても、果実の物質的な価値としての果実品質に加えて、感覚価値や概念価値といった関係性に基づくブランド価値を積極的に高めることで、既存の品種に対する差別化が期待できる。そうした感覚価値や概念価値を消費者に対してはたらきかけるマーケティング活動が産地には求められているといえよう。

本章において研究を総括するにあたり、福島県の育成品種を中心とした既存の品種に対する評価の分析を通じて、今後育成される品種の産地戦略における活用方策に対する知見を整理する。

消費者と小売業者を対象として調査を行ってきた結果、産地や品種の情報に対しては、潜在的なニーズが確認された。とくに、産地について、他の有名産地よりは地元産を求める消費者ニーズの存在は、地元産農産物としての差別化の可能性を示唆している。地元産農産物であることは、ブランド価値構造において基本価値である果実品質としての鮮度に加えて、住んでいる土地に対する愛着や援農意識のような概念価値の獲得も期待できよう。地元産農産物であることと品種の関係について、既存の「とちおとめ」を標準的な品種として位置づけ、それに対する差別化を検討するため、既存のプレミアム品種である「あまおう」と福島県の育成した「ふくはる香」を福島県において比較したところ、「ふくはる香」を地元育成品種と認識することでコミットメントとしての地元志向が好意的な態度を形成させ、購入意向につながることが明らかとなった。このことは、「ふくはる香」にとって地元で作られた品種としてのストーリー性が消費者によって高く評価されたことを意味し、この品種における地元育成品種としてのブランド化の可能性を示している。「ふくはる香」はその品種名に「ふく」という育成地の福島県を連想される語を含んでおり、育成権者である福島県のネーミングの意図も福島県の育成した品種であることを訴求することである。他にも、品種名によって喚起される「春」や「香り」といったイチゴらしいイメージや、地元産であることの訴求によって、ブランド価値を構成する感覚価値や概念価値がもたらされることが分析結果から示されていると考えられる。

福島県では県オリジナル品種の県外許諾を行わずに、福島県内での囲い込みによる生産を行っている。しかし、この「ふくはる香」を県外許諾せず、囲い込むという産地戦略には、育成品種の生産拡大という意味においては限界がある。その理由として、育成産地の規模が大きい「とちおとめ」「あまおう」といった品種とは異なり、福島県はイチゴ産地としては中規模であることから、市場における影響力は小さいため、他県で生産されない福島県オリジナル品種を福島県内で生産しても他県の市場では扱われにくい、ということがあげられる。「ふくはる香」が果実品質において他の品種に対して著しく優れているのであれば、希少性をブランド化の源泉とすることも可能であるが、福島県内で実施した小売業者に対する調査からは、標準的な品種である「とちおとめ」と比較して、実際に流通している品種のコマーシャル品質については、福島県オリジナル品種の果実品質において著しく優れた点はないという評価が得られている。したがって、地元育成品種であるというストーリー性を訴求するという点のみでは品種の生産拡大にはつながりにくいことが示唆される。現実に、「ふくはる香」は「とちおとめ」から転換するという産地戦略ではなく、地元育成品種としての品揃え品種としての位置づけで扱われており、作付面積も福島県全体の１割にも満たないという実態も、市場における標準的な品種を生産する方が効率的であることを示すものであろう。

育成品種の栽培を県外に許諾する場合、作付面積の拡大が期待できる。「ふくはる香」の果実品質における良好な果型と電照が不要であるという栽培上の特性は、福島県外の産地においても他品種に対して優位性をもつため、「ふくはる香」が他県で栽培される可能性は大きいと考えられる。品種名と価格の情報のみによる消費者の選択行動を、首都圏と育成地である福島県で調査したところ、「ふくはる香」は品種名を知らなかった場合においても最終的な選好につながっている結果が得られており、消費段階において品種が受け入れられる可能性を示唆していると考えられる。この選好の理由として、品種のネーミングがある。イチゴは、品種名を表示して販売されるため、消費者にとって初めて見る品種の場合、品種名によって消費者にもたらされるイメージは非常に重要な要素である。品種名の要素としては育成地名やその他のさまざまなイメージを伝達する示唆的イメージと語感がある。「ふくはる香」は、幸福や春、香りといった良好なイメージを示唆する品種名であることが、消費者の選択につながっていると考えられよう。しかし、「ふくはる香」において育成地が福島県であることが示唆されていることは、栽培の許諾を受ける他県にとっては、他県の県名を示唆している品種を栽培することとなるため、積極的な生産拡大にはつながらない可能性もある。他県の育成品種で県外許諾をしている品種には「さがほのか」と「紅ほっぺ」がある。「さがほのか」については、はじめは佐賀県内に限定した生産を行っていたが、作付面積を拡大することを意図した県外許諾を行い、佐賀県内外での作付面積が同程度に拡大している。また、「紅ほっぺ」は、はじめから京浜での販売を意図しており、ネーミングもその意図に整合する形で特定の地域名を含まないものとなっており、育成地である静岡県以外でも作付けが拡大している。いずれの品種も県外許諾によって作付面積の拡大に成功しているが、品種名における育成地名の示唆については、「さがほのか」は当初、県外許諾をしない囲い込み型の産地戦略を採用していたことも踏まえると、許諾によって作付けは拡大しているが、佐賀県を示唆する品種名でなければ、より多くの他県における作付面積を獲得できた可能性もある。また、本研究における調査結果からは、育成地名の示唆は、消費者に伝わってはいるものの、品種名全体の評価を向上させることには必ずしも貢献しないことが明らかにされている。さらに、「紅ほっぺ」については、ほっぺたのイメージやかわいい、といった、感覚的に豊かなイメージを有することが品種名全体の高評価につながっているため、品種名がもたらすイメージが感覚価値として、ブランド化に貢献するものと考えられる。イチゴについては、果実品質による差異は品種間でそれほど大きくないため、糖度に代表される果実品質を訴求することは差別化につながりにくく、より強固なつながりを築くことのできるこうした感覚価値を高める工夫は有効であると推察される。

このように、各都道府県で品種の育成が活発に行われているが、育成される品種は、産地をより活発化させる資源であり、戦略的に活用することによって、品種が有する機能を最大限に発揮させることができるだろう。そのためには、品種の育成や登録を到達点とせず、産地の戦略シナリオと整合した品種の県外許諾や作付計画の面での活用が求められる。とくに、出荷市場における市場の占有率といった指標から、自らの産地規模に応じて、他県への栽培許諾も考慮に入れて育成品種を産地戦略に位置づけることが必要である。また、そうした他県への作付け拡大も意図するならば、他県で受け入れやすいネーミングも行うべきである。なかでも、福島県のように産地規模が大きくない産地が、育成品種の生産拡大を目指すにあたっては、育成地名を考慮しないネーミングと県外許諾を併せて行っていく方策が有効であると考えられる。そうした場合には、イチゴにおいては果実品質での差別化が難しく、標準的な品種のシェアの大きい成熟市場であるため、良好で豊かなイメージをもたらし消費者の感覚に訴えるネーミングのような、価値共創的なアプローチ方法が有効と考えられる。また、販売チャネルについては、対面販売による売り手の説明や客の評判のような言語的なコミュニケーションを重視している若年層へのアピールの可能な農産物直売所への出荷や庭先販売、摘み取り園といった市場外流通も、今後、積極的に対応していく必要がある。

消費と小売段階を対象に分析を行った結果から、成熟化したイチゴ市場において激化する産地間競争を優位に進めるためには、出荷先の市場シェア分析や果実品質のテストによるリサーチに基づく産地の自己分析と、価値共創的なアプローチに基づく戦略的な育成品種の活用を図っていくことが求められているといえよう。

これまで、インタビューや質問紙法を用いて、消費者の購買意思決定を考察してきたが、本書では実際の購買行動についても調査を行った。農産物直売所においてアイカメラや発話を用いた認知科学的なアプローチでイチゴの購買行動を分析した結果、消費者の意思決定プロセスの多様性が示唆された。実店舗での調査であり、統計的な処理を行うことができなかったが、消費者の選択行動の有り様を示すことができたものと考える。

「はじめに」で引用した「はてなの茶碗」は、油屋が「水瓶の漏るやつ」を見つけてくる、というサゲで終わる。油屋は、水の漏れる大きな水瓶を見つければ茶碗と同様に莫大な利益が得られるものという勘違いをしており、この噺が成立するのはそれが誤りであることに聞き手が気付いているからに他ならない。

新品種や新技術を開発すると、得てして、ブランド化を目指す、といった目標が語られる。ブランド化は打ち出の小槌などではないし、産地にとってブランド化は目標ではなく、戦略的な手段であるはずである。いい品種を作ればいつか広がっていくなどというのは、作り手に都合の良い幻想でしかないし、育成した品種に後付けのブランド戦略をあてはめても有効なものにはならない。新品種を活用したブランド化にあっては、産地の主体が客観的な自己の分析に基づいた戦略の下に、その生産・流通・消費における優位性と、知財としての価値を評価した上での、戦略的なマーケティングの意思決定が問われているのである。

引用文献

Aaker, David A. (1991) Managing Brand Equity; Capitalizing on the Value of a Brand Name, Free Press. (デービッド・A・アーカー著，陶山計介・中田善啓・尾崎久仁博・小林哲訳『ブランド・エクイティ戦略：競争優位を作り出す名前、シンボル，スローガン』、ダイヤモンド社、1994)

阿部周造 (2005)「「有機」野菜に対する消費者の態度と行動」『横浜経営研究』第 26 巻第 2 号、pp.181-196.

青木幸弘 (2011)「ブランド研究における近年の展開：価値と関係性の問題を中心に」『商学論究』第 58 巻第 4 号、pp.43-68.

青木幸弘 (2004)「製品関与とブランド・コミットメント：構成概念の再検討と課題整理」『マーケティング・ジャーナル』第 23 巻第 4 号、pp.25-51.

青谷実知代 (2010)「地域ブランドにおける消費者行動と今後の課題」『農林業問題研究』第 45 巻第 4 号、pp.343-352.

Blackwell, Roger D., Paul W. Miniard and James F. Engel (2005) Consumer Behaviour 10th edition, South-Western; International ed.

Brendl, A.C. Amitava Chattopadhyay, Brett W. Pelham and Mauricio Carvallo (2005) Name Letter Branding: Valence Transfers When Product Specific Needs Are Active. *Journal of Consumer Research*, vol.32, pp.405-415.

Brisoux, J.E. and E.J.Cheron (1990) Brand Categorization and Product Involvement. *Advances in Consumer Research*, vol.17, pp.101-109.

Carpenter, Gregory S. and Kent Nakamoto (1989) Consumer Preference Formation and Pioneering Advantage, *Journal of Marketing Research*, Vol.26, No.3, pp.285-298.

Dick, Alan S. and Kunal Basu (1994) Customer loyalty: Toward an integrated conceptual framework, *Journal of the Academy of Marketing Science*, pp 99-113.

井上淳子 (2009)「ブランド・コミットメントと購買行動との関係」『流通研究』第 12 巻第 2 号、pp.3-21.

石井淳蔵・嶋口充輝・余田拓郎・栗木契 (2004)『ゼミナール　マーケティング入門』日本経済新聞社、pp.421-458.

藤島廣二 (2009)「地域ブランドとは？」藤島廣二・中島寛爾編著『実践　農産物地域ブランド化戦略』筑波書房、pp.4-6.

藤島廣二・中島寛爾 (2009)『実践　農産物地域ブランド化戦略』筑波書房 .

藤谷築次 (1993)「農業経営と農産物マーケティング」長憲次編『農業経営研究の課題と方向』pp.345-364.

福島県農林水産部 (2006)『ふくはる香　栽培の手引き』

福島県農林水産部 (2006)『ふくあや香　栽培の手引き』

Gensch, D.H. (1987) A Two-Stage Disaggregate Attribute Choice Model. *Marketing Science* vol.6 no.3, pp.223-239.

波積真理（2002）『一次産品におけるブランド理論の本質：成立条件の理論的検討と実証的考察』白桃書房 .

半杭真一 (2007)「農産物に対する消費者のニーズと購買行動：福島県郡山市におけるイチゴの事例」『2007 年度日本農業経済学会論文集』pp.231-238.

原田一郎（1998）「成熟市場における関係性マーケティング導入の必要性と限界」『東海大学紀要 . 教養学部』第 29 巻、pp.69-81.

Hauser, J.R. and B.Wernerfelt (1990) An Evaluation Cost Model of Consideration Sets. *Journal of Consumer Research*, vol.16, pp.393-408.

林秀司（1999）「日本におけるイチゴ品種の普及：女峰ととよのかを事例として」『比較社会文化』第 5 号、pp.139-149.

林靖人 (2009)「消費者の関与が地域ブランド評価に与える影響：ブランド効果のメカニズム」『地域ブランド研究』 第 5 巻、pp.53-87.

久松達央 (2014)『小さくて強い農業をつくる』晶文社.

生田孝史・湯川抗・濱崎博（2006）「地域ブランド関連施策の現状と課題：都道府県・政令指定都市の取り組み」『富士通総研経済研究所　研究レポート』第 251 号、pp.1-94.

井内 龍二・伊藤 武泰・谷口 直也(2008)「特許法と種苗法の比較」『パテント』第 61 巻第 9 号、pp.49-68.

伊藤忠雄(2000)「コメのブランド化と消費の動き」『Aff』第 31 巻第 4 号、pp.12-15.

岩永嘉弘（2002）『絶対売れる！ネーミングの成功法則：コンセプトづくりから商標登録まで』PHP 研究所 .

韓文熙（2004）「先発ブランドに対する消費者の認知構造：スキーマ・ベースの観点を中心として」『早稲田大学商学研究科紀要』 59 号、pp.29-42.

菅野由一、松下哲夫 、井上明彦（2004）「特集　47 都道府県調査　地域ブランド構築で経済活性化：個別特産品から地域ブランドの時代へ 選ばれる地域目指し、マーケティング本格化」『日経グローカル』第 3 号、pp.4-19.

狩野裕・三浦麻子（2002）『AMOS、EQS、CALIS によるグラフィカル多変量解析：目で見る共分散構造分析』現代数学社、pp.160-162.

Keller, Kevin Lane (2013), Strategic Brand Management, 4th Edition, Pearson Education（ケヴィン・レーン・ケラー著、恩蔵直人監訳『エッセンシャル戦略的ブランド・マネジメント　第 4 版』東急エージェンシー、2015 年、引用部分は p.10）.

Keller, Kevin Lane, Susan E. Heckler and Michael J. Houston (1998) The Effects of Brand Name Suggestiveness on Advertising Recall. *Journal of Marketing*, vol.62, pp.48-57.

城戸真由美（2010）「菓子類のネーミングにおける音象徴」『福岡女学院大学紀要 . 人文学部編』第 20 号、pp.43-65.

Klink, R. (2000) Creating Brand Names with Meaning: The Use of Sound Symbolism. *Marketing Letters*, vol.11 no.1, pp.5-20.

越川靖子（2009）「ブランド・ネームにおける語感の影響に関する一考察：音象徴に弄ばれる私達」『商学研究論集』第 30 号、pp.47-65.

Kotler, Philip and Kevin Lane Keller (2006), Marketing Management, 12th Edition,

Prentice-Hall（フィリップ・コトラー、ケヴィン・レーン・ケラー著；恩蔵直人監修『コトラー＆ケラーのマーケティング・マネジメント　第12版』ピアソン・エデュケーション、2008年）
陸正（2006）「マーケティング・リサーチ研究（3）」『千葉商大論叢』第44巻第1号、pp.109-122.
黒川伊保子（2004）『怪獣の名はなぜガギグゲゴなのか』新潮社.
Mangione, Thomas W. (1995) Mail Surveys: Improving the Quality, SAGE Publications（トマス・W・マンジョーニ著、林英夫・村田晴路訳『郵送調査法の実際：調査における品質管理のノウハウ』同友館、1999年）.
McAlister, Leigh and Edgar Pessemier (1982) Variety Seeking Behavior: An Interdisciplinary Review, *Journal of Consumer Research*, Vol.9, No.3, pp.311-322.
松原明紀（2008）「農林水産物・食品の地域ブランドの確立に向けて」『パテント』第61巻第9号、pp.23-31.
三井寿一・末信真二（2010）「イチゴ「あまおう」の開発・普及と知的財産の保護」『特技懇』第256号、pp.49-53.
森下昌三（2011）「日本におけるイチゴの品種変遷と今後の育種」『農耕と園芸』第66巻第2号、pp.22-29.
新山陽子・西川朗・三輪さち子（2007）「食品購買における消費者の情報処理プロセスの特質：認知的概念モデルと発話思考プロトコル分析」『フードシステム研究』第14巻第1号、pp.15-33.
西原彰宏（2012）「バラエティ・シーキング要因の探索的研究：製品関与概念を手がかりに」『産研論集』第39号、pp.79-89.
農業・生物系特定産業技術研究機構［編］（2005）『平成17年度研究開発ターゲット成果』(URL)http://www.naro.affrc.go.jp/publicity_report/publication/files/naro-se/target-r2005.pdf
織田弥三郎（2009）「栽培イチゴ（1）」『日本食品保蔵科学会誌』第35巻第2号、pp.95-102.
小川孔輔（2005）「バラエティシーキング行動モデル：既存文献の概括とモデルの将来展望」『商学論究』第52巻第4号、pp.35-52.
小川孔輔（2009）『マーケティング入門：マネジメント・テキスト』日本経済新聞出版社.
大泉賢吾（2006）「青果物産地におけるマーケティングとブランド化」『三重県科学技術振興センター農業研究部報告』第31号、pp.7-10.
大串和義（2007）「「さがほのか」を中心とした産地育成」『技術と普及』第44号、pp.54-56.
大隅昇（2002）「インターネット調査」林知己夫編『社会調査ハンドブック』朝倉書店、pp.200-240.
小野晃典（1999）「消費者関与：多属性アプローチによる再吟味」『三田商学研究』第41巻6号、pp.15-46.
恩蔵直人（1994）「想起集合のサイズと関与水準」『早稲田商学』第360・361号、pp.99-121.
恩蔵直人（1995）『競争優位のブランド戦略』日本経済新聞社、pp.18-33.
恩蔵直人・石田大典（2011）「顧客志向が製品開発チームとパフォーマンスへ及ぼす影響」『流通研究』第13巻1-2号、pp.19-32.

朴宰佑・大平修司・大瀬良伸 (2008)「ブランドにおける地域イメージの効果とブランド・コミュニケーションに関する研究」『助成研究集：要旨』第 41 号、吉田秀雄記念事業財団、pp.141-151.
朴宰佑・大瀬良伸 (2009)「ブランドネームの発音がブランド評価に及ぼす影響：Sound Symbolism 理論からのアプローチ」『消費者行動研究』第 16 巻第 1 号、pp.23-36.
Peter, J.P. and J.C.Olson (2008) Consumer Behavior and Marketing Strategy (8th ed.). McGraw-Hill, pp.168-169.
Roberts, J.H. and J.M.Lattin (1997) Consideration: Review of Research and Prospects for Future Insights. *Journal of Marketing Research*, vol.34 no.3, pp.406-410.
Robertson, K. (1989) Strategically Desirable Brand Name Characteristics. *Journal of Consumer Marketing*, vol.6 no.4, pp.61-71.
佐賀県 (2003)「知事定例記者会見：佐賀県が育成したいちごの品種「さがほのか」の利用権の県外許諾について」(URL) http://saga-chiji.jp/kaiken/03-9-1/hapyou3.html (2011 年 11 月 4 日確認).
斎藤修 (2008)「地域ブランドをめぐる地財戦略と地域研究機関の役割」『地域ブランドの戦略と管理：日本と韓国／米から水産品まで』農山漁村文化協会 .
櫻井清一 (2004)「地産地消」『農村計画学会誌』第 23 巻第 1 号、pp.84-85.
清水聰 (1999)『新しい消費者行動』千倉書房、pp.122.
清水聰 (2006)「考慮集合形成メカニズム」『戦略的消費者行動論』千倉書房、pp.95-110.
下山禎・飯坂正弘・野中章久 (2002)「イチゴに対する消費者ニーズの解明：国内産・超促成栽培イチゴと外国産イチゴを中心に」『農業経営通信』第 214 号、pp.22-25.
白石弘幸 (2004)「デファクト・スタンダードの経営戦略」『金沢大学経済学部論集』第 24 巻第 2 号、pp.159-179.
食品流通構造改善促進機構 (2010)『改訂 8 版　野菜と果物の品目ガイド』農経出版社、pp.244-245.
末澤克彦 (2010)「世界標準とガラパゴス：キウイフルーツから日本の果物産業を想う」『果樹試験研究推進協議会会報』第 16 号、pp.22-24.
杉田善弘 (2003)「新製品開発のマーケティング」『學習院大學經濟論集』第 40 巻第 3 号、pp.211-224.
角田美知江 (2011)「消費者行動から見た先発ブランド優位性についての研究」『生活経済学研究』34 号、pp.27-35.
高橋太一 (2005)「地産地消活動における立地条件分析視点にともなう事例考察」『近畿中国四国農研農業経営研究』第 11 号、pp.65-79.
田中洋 (2008)『消費者行動論体系』中央経済社、pp.45、90-92.
田村正紀(1998)『マーケティングの知識』日本経済新聞社、pp.39-44.
田村馨 (1989)「野菜市場の成熟化・市場集中・価格変動」『農業総合研究』第 43 巻第 1 号、pp.85-106.
田中満佐人 (2004)「新製品開発におけるリスク・マネジメント：マーケティングの立場からみたローリスクな方法論」『プロジェクトマネジメント学会誌』第 6 巻第 4 号、pp.3-8.

寺本高 (2009)「消費者のブランド選択行動におけるロイヤルティとコミットメントの関係」『流通研究』第12巻第1号、pp.1-17.
栃木県農業者懇談会 (2003)「試験場のプロジェクトX　イチゴ王国、日本一を奪回せよ！(上)」『くらしと農業』第27巻第7号、pp.20-21.
栃木県農業者懇談会 (2003)「試験場のプロジェクトX　イチゴ王国、日本一を奪回せよ！(下)」『くらしと農業』第27巻第8号、pp.18-19.
徳田輝光 (2005)「都道府県が育成した植物新品種の許諾方針に関する研究」政策研究大学院大学修士論文 (URL) http://www3.grips.ac.jp/~ip/pdf/paper2004/MJI04056tokuda.pdf .
土橋治子 (2000)「バラエティ・シーキングの研究アプローチと現代的消費者像」『マーケティング・ジャーナル』第20巻第3号、pp.58-69.
土橋治子 (2001)「バラエティ・シーキング研究の現状と課題：内発的動機づけを基盤とした研究アプローチへの批判的検討」『中村学園大学・中村学園大学短期大学部研究紀要』第33号、pp.101-107.
梅本雅 (2009)『青果物購買行動の特徴と店頭マーケティング』農林統計出版、pp.5-21.
梅沢昌太郎 (1998)「ブランド化」全国農業改良普及協会編『新農業経営ハンドブック』pp.754-765.
上田晴彦 (2011)「市場から見たイチゴブランドの動向と販売戦略：モモイチゴのこれまでを振り返りながら」『園芸学研究』第16巻別冊2、pp.50-51.
和田充夫(2002)『ブランド価値共創』同文館出版 .

初出一覧

(第3章) 半杭真一 (2007)「農産物に対する消費者のニーズと購買行動：福島県郡山市におけるイチゴの事例」『日本農業経済学会論文集 2007』pp.231-238.
(第3章)半杭真一 (2008)「イチゴの購買行動における「産地」「品種」情報訴求の可能性」『日本農業経済学会論文集 2008』pp.245-251.
(第4章) 半杭真一 (2009)「イチゴの福島県オリジナル品種における展開方向：後発産地としての生産・販売戦略の検討」『農業経営研究』第47巻第2号、pp.140-145.
(第5章) 半杭真一 (2012)「イチゴにおける品種のネーミングと品種活用方策に関する研究」『農業経営研究』第50巻第3号、pp.1-16.
(第6章) 半杭真一 (2012)「地元育成品種による農産物ブランド化の可能性：福島県育成イチゴ品種を対象として」『農村経済研究』第30巻第2号、pp.1-9.
(第7章) 半杭真一 (2011)「イチゴの品種を対象とした購買意思決定プロセスの研究：考慮集合の形成と偶発的選好を中心に」『フードシステム研究』第18巻第3号、pp.135-148.
(第8章) 半杭真一 (2016)「イチゴの新品種を活用したブランド化に関する消費者行動の研究」『福島県農業総合センター研究報告』第8号、pp.69-110.

おわりに

本書は、東京農業大学に提出した学位論文「イチゴ後発産地における新品種育成によるブランド化の可能性評価に関する計量的研究」に大幅に加筆し、再構成したものです。学位論文審査について、主査の労を取って頂いた平尾正之先生、福島県農業総合センターの外部有識者という御縁から学位取得の相談をさせて頂いた門間敏幸先生、論文の審査を務めて頂いた土田志郎先生、大浦裕二先生に心より感謝申し上げます。

この研究の遂行にあたっては、公益財団法人園芸振興松島財団の平成21年度第36回研究助成を頂いたことでより一層研究を深めることができました。松島和夫理事長をはじめ、財団関係各位に感謝申し上げます。

この研究は、福島県職員として、県オリジナル品種のブランド化という実務に直結した課題として取り組んだものです。研究に際しては、卸売市場やJA等の関係機関、県や市町村関係の方々の多大な御協力がなくては成し得ませんでしたし、福島県県南農林事務所には「ふくはる香」実証圃の貴重なデータを提供して頂きました。また、所属内外のたくさんの方々にお骨折り頂いて実施した、JA全農福島の農産物直売所「愛情館」での調査結果のとりまとめに時間がかかってしまったことを申し訳なく思います。

本書は、2006年から2011年までの間、福島県農業総合センター企画経営部に在籍中に実施した研究に基づいています。岡三徳所長、門馬信二所長をはじめとして、農業総合センターの皆さんのおかげで研究を進めることができました。なかでも、藤澤弥栄科長、薄真昭科長をはじめ、日頃からあたたかい御助言や励ましを頂いた経営・農作業科の皆さん、また、縁の下で力になっていただいた臨時職員の皆さん（とりわけ、眩暈のするような量のアイカメラのデータ処理をお願いした酒井明子さん）に、心からの感謝を申し上げます。

こうして、学位論文を形にすることができましたことを本当にうれしく思います。たくさんの方々に支えられてこの研究を行うことができました。ありがとうございました。

2018年2月

半杭真一

■著者紹介

半杭　真一（はんぐい　しんいち）

東京農業大学国際食料情報学部准教授
専門は農産物の消費者行動研究とマーケティング

1976年　福島県生まれ
1999年　帯広畜産大学畜産学部　卒業
2001年　帯広畜産大学大学院畜産学研究科修士課程　修了
2002年　福島県　採用
　　　　畜産試験場沼尻支場、農業総合センター企画経営部、農業総合センター農業短期大学校に勤務
2014年　博士（国際バイオビジネス学）（東京農業大学）
2016年より現職

twitter: @hangui_

装丁：佐藤 洋美

イチゴ新品種のブランド化とマーケティング・リサーチ

2018年4月1日　第1刷発行

著　者　半杭　真一

発行者　池上　淳
発行所　株式会社　**青山社**
〒252-0333　神奈川県相模原市南区東大沼2-21-4
TEL　042-765-6460（代）　FAX　042-701-8611
振替口座　00200-6-28265　ISBN　978-4-88359-353-8
URL　http://www.seizansha.co.jp　E-mail　contactus_email@seizansha.co.jp

印刷・製本　モリモト印刷株式会社